高等院校计算机类专业实践系列教材

Java Web 应用开发

◎主 编 齐 燕 李 炜

◎副主编 唐彩蓉 戴嘉雯 杨 娜

西安电子科技大学出版社

内容简介

本书以具体项目开发为主线，详细地介绍了实现一个 Java Web 项目所必需的前端技术和后端技术。全书共 9 章，内容包括：Java Web 应用开发概述、HTML 与 CSS 网页基础、JSP 语法、JSP 内置对象、JavaBean 及其应用、Servlet 技术、EL 表达式和 JSTL、使用 JDBC 技术访问数据库以及综合案例——学生信息管理系统。

本书将理论和实践有机结合，适用于线上线下混合式教学。此外，本书还提供了相关案例的源代码，需要者可登录出版社网站免费下载。

本书可作为计算机科学与技术、软件工程、信息管理等相关专业的本科院校或高职院校的教材，也可作为 Java Web 编程技术的培训教材。

图书在版编目(CIP)数据

Java Web 应用开发 / 齐燕，李炜主编 . -- 西安：西安电子科技大学出版社，2024.2
ISBN 978-7-5606-7190-1

Ⅰ.① J… Ⅱ.① 齐… ②李… Ⅲ.① JAVA 语言—程序设计—教材 Ⅳ.① TP312.8

中国国家版本馆 CIP 数据核字 (2024) 第 023610 号

策　　划　秦志峰 刘统军
责任编辑　秦志峰
出版发行　西安电子科技大学出版社 (西安市太白南路 2 号)
电　　话　(029)88202421 88201467　　　　邮　编　710071
网　　址　www.xduph.com　　　　　　电子邮箱　xdupfxb001@163.com
经　　销　新华书店
印刷单位　陕西天意印务有限责任公司
版　　次　2024 年 2 月第 1 版　2024 年 2 月第 1 次印刷
开　　本　787 毫米 × 1092 毫米　1/16　印 张　15.5
字　　数　368 千字
定　　价　48.00 元

ISBN 978-7-5606-7190-1 / TP

XDUP　7492001-1

*** 如有印装问题可调换 ***

前　言

现如今，Java 是应用最广泛的编程语言之一，有着广阔的使用空间和发展前景，它的跨平台特点为开发人员提供了很大的方便。而 Java Web 作为 Java 中的一个分支，属于 Java EE 方向，一般为服务器端的程序应用 (即应用 Java 语言对 Web 进行开发，而 JSP 服务于 Java Web 开发)，其重要性不言而喻。

目前，软件人才是困扰 IT 企业发展的一大问题，企业之间的竞争正在变成人才之间的竞争。考虑到学校开设的 Java Web 课程的教学内容可能和企业的真正需求相脱节，学生在毕业时可能只掌握了一些简单的基础知识，没有从事 Java Web 项目开发的经验，碰到问题时可能不知道如何下手，为了解决这些实际问题，我们编写了本书。

本书从 Java Web 开发编程入门，由浅入深、循序渐进地讲解 Java Web 编程的基础知识和常用框架。学习本书的读者需要掌握一定的 HTML 语言、Java 基础、数据库技术等相关知识。

本书具有以下特色：

(1) 以项目开发为主线，以实用技能为基础，以提高动手能力为核心。本书以一个完整的"新闻发布系统"项目开发为主线，将相关知识点的讲解贯穿其中，通过具体实施步骤使学生掌握关键技术，最后通过一个综合案例 —— 学生信息管理系统进行演练。通过这个完整的学习过程，可以培养学生熟练编码、规范编码以及调试的能力，使其成为一名企业真正需要的"软件人才"。

(2) 适用于线上线下混合式教学。授课教师可利用木马教育管理平台 ——JSP Web 应用开发 (https://muma.com/course/course detail?id=2176)，以课前预习、课中详细讲解、课下复习的"三循环"教学模式开展教学。无论是理论教学还是上机 (实践) 教学，均从项目入手，将各知识点的介绍融入项目的解决方案中。

本书第 8 章和第 9 章由齐燕老师编写，第 1 章由李炜老师编写，第 2 章和第 6 章由唐彩蓉老师编写，第 3 章、第 4 章和第 7 章由戴嘉雯老师编写，第 5 章由杨娜老师编写。

由于编者水平有限，书中难免存在不妥之处，敬请广大读者指正。

编　者

2023 年 11 月

目　录

第1章　Java Web 应用开发概述 1

1.1　开发环境和技术标准简介 1

1.2　Java EE 开发平台介绍 2

1.3　开发环境的安装 6

　　1.3.1　JDK 的下载及安装 6

　　1.3.2　Tomcat 服务器的安装 8

　　1.3.3　MySQL 数据库的安装 15

1.4　Java Web 网页的制作 17

　　1.4.1　创建步骤 17

　　1.4.2　创建我的第一个 Web 项目 18

　　1.4.3　Web 项目的目录结构 19

　　1.4.4　创建 JSP 页面 19

　　1.4.5　Web 项目的部署 20

　　1.4.6　Web 项目的运行 21

　　1.4.7　Web 程序的调试与排错 22

小结 24

习题 24

第2章　HTML 与 CSS 网页基础 26

2.1　HTML 标签语言 26

　　2.1.1　HTML 文档结构 26

　　2.1.2　HTML 常用标签 27

　　2.1.3　HTML 表格标签 30

　　2.1.4　HTML 表单标签 30

　　2.1.5　HTML 超链接标签与图像标签

　　　　　　............................. 34

2.2　CSS 34

2.3　实战案例 37

小结 44

习题 45

第3章　JSP 语法 47

3.1　JSP 页面构成 47

3.2　JSP 指令元素 50

　　3.2.1　page 指令 51

　　3.2.2　include 指令 52

　　3.2.3　taglib 指令 54

3.3　JSP 脚本元素 54

　　3.3.1　小脚本 54

　　3.3.2　表达式 55

　　3.3.3　声明 56

3.4　JSP 程序中的注释 57

3.5　实战案例 58

小结 60

习题 60

第4章　JSP 内置对象 61

4.1　JSP 内置对象简介 61

　　4.1.1　request 对象 63

　　4.1.2　response 对象 68

　　4.1.3　out 对象 71

　　4.1.4　session 对象 73

　　4.1.5　application 对象 74

　　4.1.6　pageContext 对象 76

　　4.1.7　page 对象 77

4.1.8　config 对象 77

4.1.9　exception 对象 78

4.2　Cookie 对象 79

4.3　JSP 动作元素 81

4.4　实战案例 84

小结 91

习题 91

第 5 章　JavaBean 及其应用 92

5.1　JavaBean 技术 92

5.2　JavaBean 的创建 93

5.2.1　JavaBean 的编写 93

5.2.2　JavaBean 的部署 96

5.3　JavaBean 的应用 96

5.3.1　JavaBean 的属性 96

5.3.2　JavaBean 的动作标签 96

5.3.3　JavaBean 的作用域 97

5.4　实战案例 101

小结 108

习题 108

第 6 章　Servlet 技术 110

6.1　Servlet 概述 110

6.1.1　Servlet 的概念 110

6.1.2　Servlet 的工作原理 111

6.1.3　Servlet 的优点 112

6.1.4　Servlet 的生命周期 113

6.1.5　MVC 架构模式 115

6.2　Servlet 的开发 115

6.3　使用 Servlet 获取信息 119

6.3.1　获取 HTTP 头部信息 119

6.3.2　获取请求对象信息 120

6.3.3　获取参数信息 122

6.4　调用 Servlet 的方法 125

6.4.1　以表单形式调用 Servlet 125

6.4.2　以超链接形式调用 Servlet 129

6.5　实战案例 131

小结 147

习题 148

第 7 章　EL 表达式和 JSTL 149

7.1　EL 表达式 149

7.1.1　认识 EL 149

7.1.2　EL 的运算符 150

7.1.3　EL 的隐式对象 152

7.2　JSTL 154

7.2.1　JSTL 介绍 154

7.2.2　JSTL 的下载和简单测试 155

7.3　实战案例 156

小结 158

习题 158

第 8 章　使用 JDBC 技术访问数据库 160

8.1　JDBC 技术概述 160

8.2　使用 JDBC 技术进行数据库
　　 编程的步骤 161

8.3　JDBC 的应用 164

8.4　使用 JDBC 技术实现用户登录、
　　 注册及修改 172

8.4.1　开发任务 172

8.4.2　后台实现 172

8.4.3　前台实现 183

小结 201

习题 201

第 9 章　综合案例——学生信息管理系统 202

9.1　案例简介 202

9.2　后台程序的设计 203

9.3　前台页面的设计 211

9.4　功能扩展 225

小结 234

习题 234

参考文献 242

第 1 章 Java Web 应用开发概述

学习目标

- 了解 Java EE 平台的架构和容器。
- 了解 Java EE 技术标准。
- 掌握开发环境的安装。
- 掌握制作 Java Web 网页最基本的步骤。

思政目标

- 提高框架思维能力和逻辑思维能力，提升个人的修养。
- 树立提升 IT 分析开发能力和软件工程技能的学习目标。

1.1 开发环境和技术标准简介

开发基于 Java EE 的动态网站，需要搭建开发环境和运行环境，包括 Eclipse 和 MyEclipse 开发平台、Tomcat 服务器、JSP 动态网页技术标准。

1. Eclipse 和 MyEclipse 开发平台

1) Eclipse

Eclipse 是一个开放源代码的、基于 Java 的可扩展开发平台。就其本身而言，它只是一个框架和一组服务，用于通过插件和组件构建开发环境。Eclipse 附带了一个标准的插件集，包括 Java 开发工具包 (Java Development Kit，JDK)。Eclipse 基于插件的开发平台，使得它具有很强的生命力和较大的灵活性，众多插件的支持使得其功能越来越强大，许多软件开发商以 Eclipse 为框架开发了自己的集成开发环境 (IDE)。

2) MyEclipse

MyEclipse 企业级工作平台 (MyEclipse Enterprise Workbench，简称 MyEclipse) 是在 Eclipse 基础上加上自己的插件开发而成的，主要用于 Java、Java EE 以及移动应用的开

发。利用 MyEclipse 可以在数据库和 Java EE 的开发、发布以及应用程序服务器的整合方面极大地提高工作效率。MyEclipse 是功能丰富的 Java EE 集成开发环境，包括完备的编码、调试、测试和发布功能，可完整支持 HTML、Struts、JSF、CSS、JavaScript、SQL、Hibernate。

2. Tomcat 服务器

Tomcat 是一个免费的开放源代码的 Web 应用服务器。它属于轻量级应用服务器，在中小型系统和并发访问用户不是很多的场合下被普遍使用，是开发和调试 JSP(Java Server Pages，即 Java 服务器页面) 程序的首选。对于初学者来说，可以这样认为：当在一台机器上配置好 Apache 服务器后，可利用 Tomcat 响应 HTML(标准通用标记语言下的一个应用) 页面的访问请求。实际上，Tomcat 是 Apache 服务器的扩展，但它是独立运行的，即 Tomcat 作为一个与 Apache 独立的进程单独运行。

3. JSP 动态网页技术标准

JSP 是由 Sun Microsystems(2009 年 4 月 20 日被 Oracle 公司收购) 公司主导创建的一种动态网页技术标准。JSP 部署于网络服务器上，可以响应客户端发送的请求，并根据请求内容动态地生成 HTML、XML 或其他格式文档的 Web 网页，然后返回给请求者。JSP 技术以 Java 语言作为脚本语言，为用户的 HTTP 请求提供服务，并能与服务器上的其他 Java 程序共同处理复杂的业务需求。

JSP 的特点如下：

(1) 能以模板化的方式简单、高效地添加动态网页内容。

(2) 可利用 JavaBean 技术复用常用的功能代码 (设计好的组件容易实现重复利用，减少重复劳动)。

(3) 有良好的工具支持。

(4) 继承了 Java 语言的相对易用性。

(5) 继承了 Java 的跨平台优势，可实现"一次编写，随处运行"。因为 JSP 支持 Java 及其相关技术的开发平台，所以网站开发人员可以选择在最适合自己的系统平台上进行 JSP 开发；不同环境下开发的 JSP 项目，在所有客户端上都能顺利访问。

(6) JSP 分离了服务器端的静态内容和动态内容。

(7) 可与其他企业级 Java 技术相互配合。JSP 可以只负责页面中的数据呈现，实现分层开发。

1.2 Java EE 开发平台介绍

Java EE(Java Platform，Enterprise Edition) 是由 Sun Microsystems 公司推出的企业级应用程序版本，主要用于分布式网络程序的开发，如电子商务网站和 ERP 系统。下面详细介绍该平台。

1. Java EE 的架构

Java EE 提供了一个多层次的分布式应用模型和一系列开发技术规范。多层次的分布式应用模型是指根据功能把应用逻辑分成多个层次，每个层次支持相应的服务器和组件，组件在分布式服务器的组件容器中运行 (如 Servlet 组件在 Servlet 容器中运行，EJB 组件在 EJB 容器中运行)，容器间通过相关的协议进行通信，实现组件间的相互调用。遵从这些规范的开发者将得到行业的广泛支持，使企业级应用的开发变得简单、快速。利用 Java EE 能够开发和部署可移植、健壮、可伸缩且安全的服务器端 Java 应用程序。

Java EE 架构如图 1-1 所示，其包括以下四层。

(1) 用户层 (client tier)：即客户端层，用于用户交互，并把来自系统的信息显示给用户，包括 HTML 用户、Applet 和 Java application 等。

(2) Web 层：由 Web 服务器和 Web 组件构成，其中 Web 组件包括 JSP 和 Servlet。该层主要用来处理客户请求，调用相应的逻辑模块，并把结果以动态网页的形式返回到客户端。

(3) 业务层 (business tier)：处理应用的核心业务逻辑。业务组件通常为运行在 EJB 容器内的 EJB 组件，所以这一层也叫 EJB 层或应用层。EJB 容器解决了底层的问题，如事务处理、生命周期、状态管理、多线程安全管理、资源池等。

(4) 企业信息系统层 (即 EIS 层)：利用数据库服务器来开发企业系统软件，包括企业基础系统、数据库系统和其他遗留系统。EIS 层是 Java EE 应用和非 Java EE 应用或遗留系统集成的连接点。

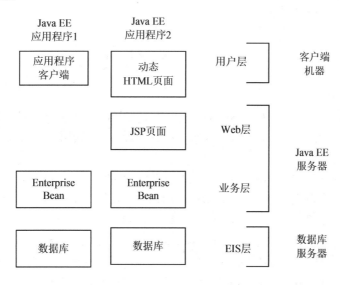

◆ 图 1-1　Java EE 四层架构图

2. Java EE 容器

图 1-2 给出了使用 Java EE 架构企业级应用的体系架构。Java EE 将组成一个完整的企业级应用，将不同部分纳入不同的容器，每个容器中都包含若干个组件，同时各种组件都能使用各种 Java EE Service 和 API(Application Programming Interface，即应用程序编程接口)。

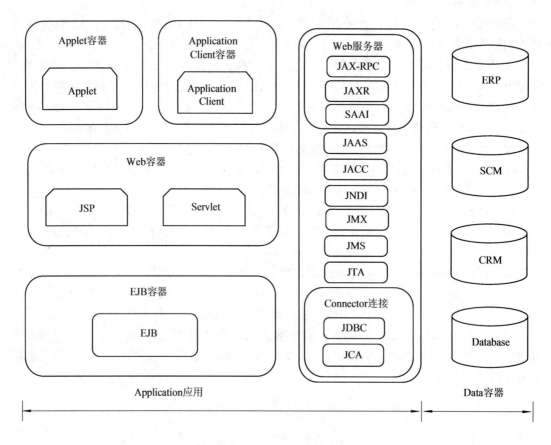

◆ 图 1-2　Java EE 1.6 规范体系架构图

Java EE 容器包括以下几种：

(1) Web 容器。其包括 JSP 和 Servlet 两种组件，它们都是 Web 服务器的功能扩展，接受 Web 请求，返回动态的 Web 页面。Web 容器中的组件可使用 EJB 容器中的组件完成复杂的商务逻辑。

(2) EJB 容器。EJB 组件是 Java EE 的核心之一，主要用于服务器商务逻辑功能的实现。EJB 规范定义了一个开发和部署分布式商业逻辑的框架，以简化企业级应用的开发，使其较容易地具备可伸缩性、可移植性和安全性等。

(3) Applet 容器。Applet 是嵌在浏览器中的一种轻量级客户端。一般而言，只有当使用 Web 页面无法充分地表现数据或应用界面时才会使用 Applet。

(4) Application Client 容器。Application Client 相对 Applet 而言是一种较重量级的客户端，它能够使用 Java EE 的大多数 Service 和 API。

3. Java EE 技术标准

为实现企业级分布式应用，Java EE 定义了丰富的技术标准，符合这些标准的开发工具和 API 为开发企业级应用提供支持。这些技术涵盖组件技术、Servlet、JSP、EJB 数据库访问、分布式通信技术等，为分布式应用提供多方面的支持。

1) 组件技术

Java EE 的核心思想是基于组件 / 容器的应用。每个组件提供了方法、属性、事件的接口。组件可以由多种语言开发。组件是可以重用和共享的。

2) Servlet 和 JSP

Servlet 用来生成动态页面或接收用户请求产生相应操作 (调用 EJB)。JSP 基于文本，通过容器产生相应的 Servlet，使内容和显示分开。Java EE 中提供了 Servlet API，用于创建 Servlets。

3) EJB

EJB 规范提供了一种开发和部署服务器端组件的方法。每个 EJB 是按功能逻辑划分的，开发时不必关注系统底层细节问题，只需关注具体的事务分析。EJB 开发完毕后，按规范部署在 EJB 容器，完成相应的事务功能。EJB 支持分布式计算，真正体现了企业级的应用。

4) 数据库访问

无论是传统的企业信息系统还是将来的企业信息系统，数据库都占有重要的地位。开发分布式系统要求数据库访问具有良好的灵活性和扩展性。JDBC(Java Database Connectivity，即 Java 数据库连接) 是一个独立于特定的数据库管理系统的开发接口，它提供了一个通用的访问 SQL 数据库和存储结构的机制，在不同的数据库界面上提供了一个统一的用户界面以及多种多样的数据库连接方式。Java EE 中提供了 JDBC API，使多种数据库操作简单、可行。

5) 分布式通信技术

分布式通信技术是分布式企业系统的核心技术。Java EE 框架为 Web 应用和 EJB 应用提供了多种通信模式。

4. Java EE 的通信方式

为了使运行于某一机器上的对象调用另一台机器的对象，Java EE 实现了如下通信方式。

(1) Java RMI(Remote Method Invoke，即远程方法调用)：实现 Java 对象间的远程通信。服务器用注册器把一个名字和远程对象绑在一起，客户机通过名字从服务器注册器上查找远程对象，找到后下载远程对象的本地代理，调用远程对象。

(2) Java IDL(Interface Definition Language，即接口定义语言)：可以实现符合 CORBA 规范的远程对象通信。

(3) JNDI(Java Naming and Directory Interface，即 Java 命名和目录接口)：为分布式系统访问远程对象提供了一个标准的命名接口。EJB 主接口对象、数据源、消息服务器等都可以用 JDNI 树的形式注册到名称服务器中，通过符合 JDNI 的程序接口在 JNDI 名称服务器中查找指定名称的远程对象来调用它们。

(4) JMS(Java Message Service，即 Java 消息服务)：为开发消息中间层应用程序定义了一套规范。Java 客户端和 Java 中间层访问消息系统只要实现 JMS 定义的简单的接口，就可以实现复杂的应用，而不必去关注低级的技术细节。

Java EE 平台具有 " 一次编写，随处运行 " 的特性，完全支持 Enterprise JavaBean、JSP 以及 XML 等技术，实现真正的跨平台性。

1.3 开发环境的安装

1.3.1 JDK 的下载及安装

JDK 即 Java 开发工具包，有时也被称为 J2SDK。该软件工具包含 Java 语言的编译工具、运行工具以及软件运行环境 (JRE)。JDK 是 Sun Microsystems 公司提供的一款免费的 Java 语言基础开发工具，在安装其他开发工具之前，必须首先安装 JDK。本书采用 JDK 1.8 版本。

1. JDK 的下载

可以到 Oracle 公司的官方网站上下载 JDK，具体步骤如下。

(1) 在浏览器地址栏中输入网址 "http://www.oracle.com/technetwork/java/javase/downloads/index.html"，进入官方网站。

(2) 下拉滚动条，选择 Java 8 → Windows (见图 1-3)，出现如图 1-4 所示的下载页面。

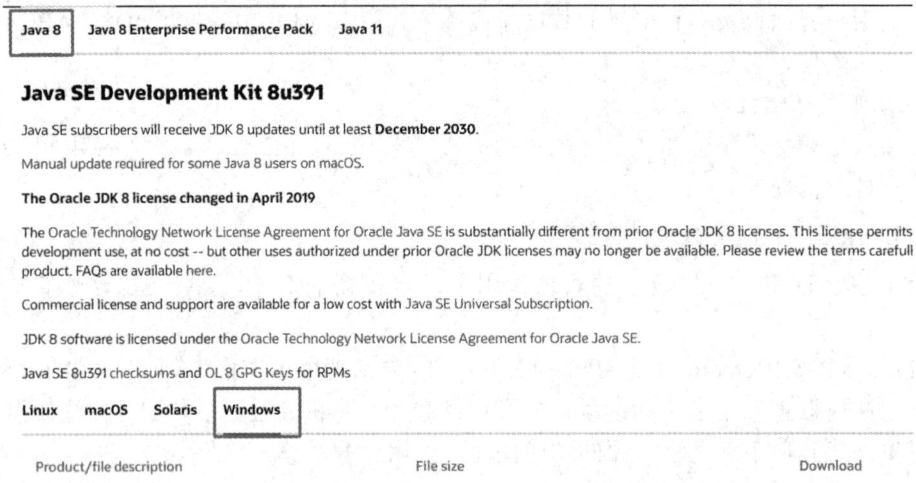

◆ 图 1-3　下载 JDK(一)

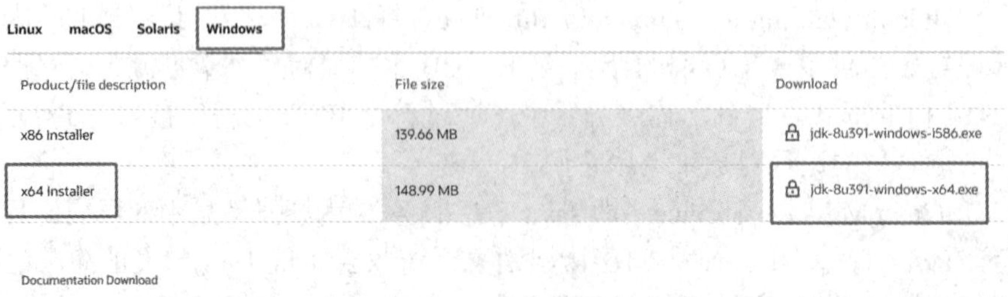

◆ 图 1-4　下载 JDK(二)

(3) 单击图 1-4 中 64 位的文件，即可下载 jdk-8u391-windows-x64.exe 文件。

2. JDK 的安装步骤

(1) 下载完毕后，双击 jdk-8u391-windows-x64.exe 文件。

(2) 单击"下一步"按钮，进入如图 1-5 所示的安装界面。选择要安装的组件 (默认全部安装) 和路径。

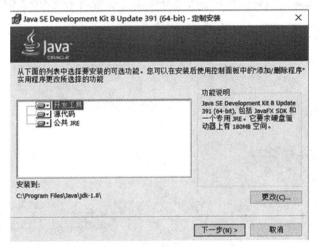

◆ 图 1-5　JDK 安装界面

单击"下一步"按钮，随后会弹出如图 1-6 所示的安装 JRE 的界面。

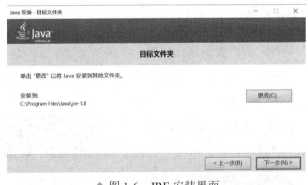

◆ 图 1-6　JRE 安装界面

(3) 选择默认路径或更改目标文件夹路径，继续单击"下一步"按钮，即可进入如图 1-7 所示的安装进度界面。

◆ 图 1-7　JDK 安装进度界面

(4) 在如图 1-8 所示的安装完成界面中单击"关闭"按钮，即可完成安装。

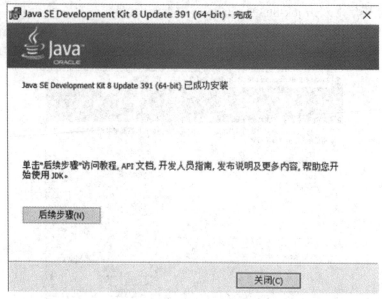

◆ 图 1-8　JDK 安装完成界面

1.3.2　Tomcat 服务器的安装

1. 安装 MyEclipse 8.5 配置自带的 Tomcat 服务器

在安装 Tomcat 服务器之前，要确保计算机中 JDK 开发包已经正确安装。

(1) 双击 myeclipse-8.5.0-win32.exe 文件，进入如图 1-9 所示的安装界面。

◆ 图 1-9　MyEclipse 8.5 安装界面 (一)

(2) 单击 Next 按钮，进入如图 1-10 所示的安装界面。

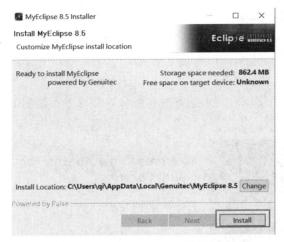

◆ 图 1-10　MyEclipse 8.5 安装界面 (二)

(3) 单击 Install 按钮，弹出如图 1-11 所示界面，选择工作区的文件路径，单击 OK，即可进行安装。

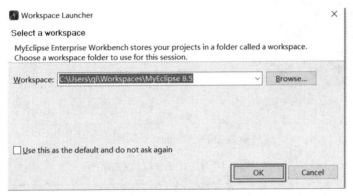

◆ 图 1-11　工作区的路径选择

(4) 打开 MyEclipse，选择 Window → Preferences 菜单项，查看 Tomcat 服务器。在图 1-12 中可以选择 MyEclipse 8.5 自带的 MyEclipse Tomcat 6 服务器调试程序。

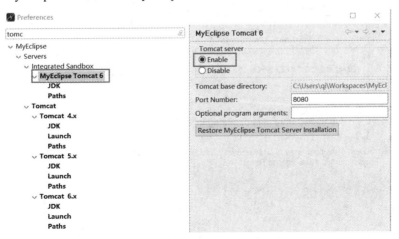

◆ 图 1-12　MyEclipse Tomcat 6 服务器

2. Tomcat 的下载及安装

Tomcat 是免费的开源软件，可从"http://tomcat.apache.org/"网址下载。

本书使用 Tomcat 6.0 版本，在安装之前要确保 JDK 成功安装。

Tomcat 的详细安装步骤如下。

(1) 下载安装文件后解压，双击运行文件图标，即可进入如图 1-13 所示的安装界面。

◆ 图 1-13　Tomcat 安装界面

(2) 单击 Next 按钮，进入如图 1-14 所示的协议授权界面。

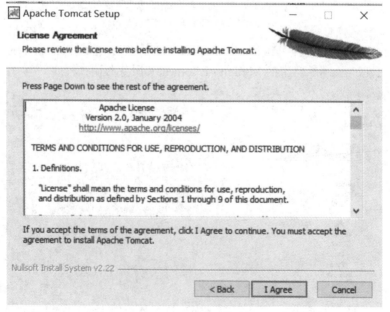

◆ 图 1-14　协议授权界面

(3) 单击 I Agree 按钮，进入如图 1-15 所示的安装组件选择界面。

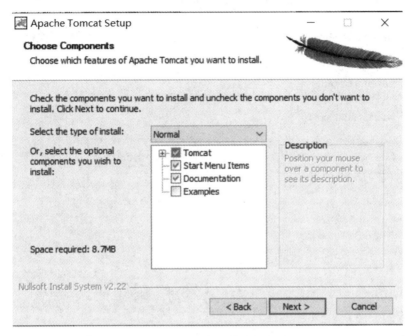

◆ 图 1-15　安装组件选择界面

(4) 继续单击 Next 按钮，进入如图 1-16 所示的路径选择界面。

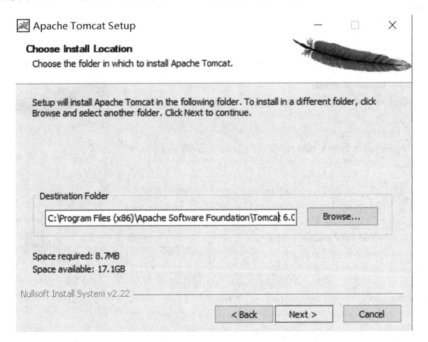

◆ 图 1-16　路径选择界面

(5) 单击 Browse 按钮修改安装路径 (本书安装在 "C:\Tomcat6.0" 路径下)，再单击
Next 按钮，进入如图 1-17 所示的安装配置界面。

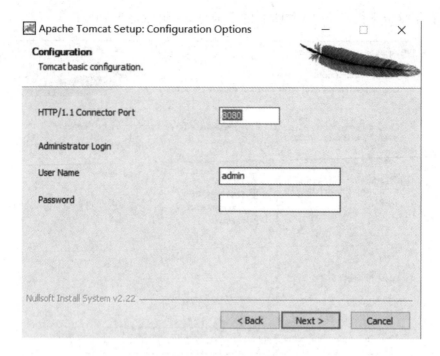

◆ 图 1-17　安装配置界面

(6) 图 1-17 中的 "8080" 为 Tomcat 的端口号，这里采用默认设置。User Name 及 Password 分别为管理 Tomcat 的用户名和密码。输入用户名和密码，单击 Next 按钮进入如图 1-18 所示的 JRE 配置界面。

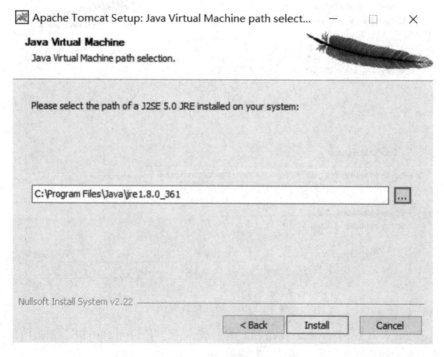

◆ 图 1-18　JRE 配置界面

(7) 在图 1-18 中选择 JRE 的安装路径 (注：如果在安装 Tomcat 之前 JDK 已成功安装，则会自动找到 JRE 的安装路径)，然后单击 Install 按钮进入如图 1-19 所示的界面。

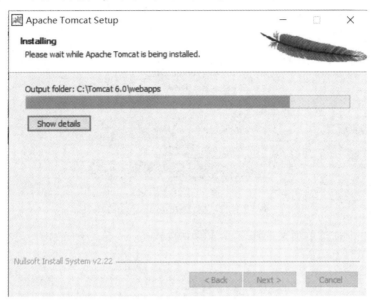

◆ 图 1-19　安装进度界面

　　安装完成后，如果在浏览器地址栏中输入 http://localhost:8080/ 后能看到如图 1-20 所示的运行主页界面，则说明 Tomcat 安装成功。

◆ 图 1-20　Tomcat 运行主页界面

3. 在 MyEclipse 中配置 Tomcat

　　目前 Tomcat 服务器的安装路径为 C:\Tomcat 6.0，接下来讲解如何在 MyEclipse 中配置 Tomcat。

　　在 MyEclipse 中配置 Tomcat 的具体步骤如下。

(1) 打开如图 1-21 所示的 MyEclipse 运行窗口。

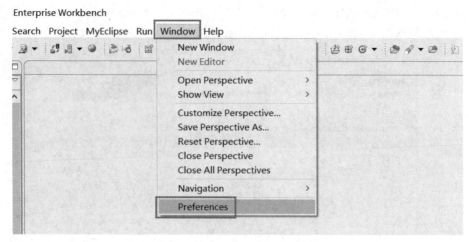

◆ 图 1-21　MyEclipse 运行窗口

(2) 单击 Window 菜单项，选择下拉菜单中的 Perferences，弹出如图 1-22 所示的 Tomcat 配置界面。

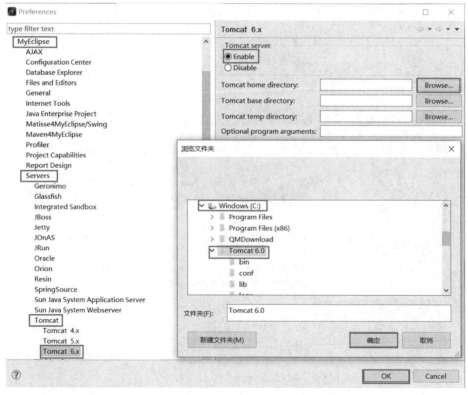

◆ 图 1-22　Tomcat 配置界面

(3) 依次选择图 1-22 中的 MyEclipse → Servers → Tomcat → Tomcat 6.x，并选择 Enable 单选按钮，单击 Browse 按钮选择安装的 Tomcat 的根目录，单击 "确定" 按钮，再单击 Apply 按钮。然后展开图 1-22 中左边树的 "Tomcat 6.x" 节点选择 JDK，进入如图 1-23 所示的 JDK 设置窗口。

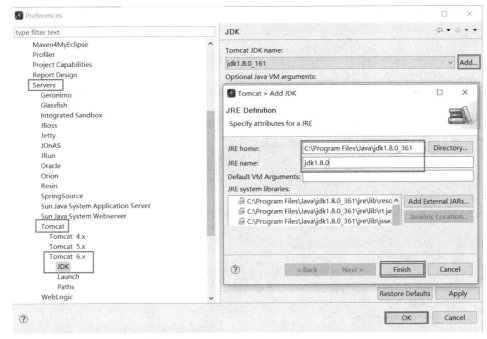

◆ 图 1-23 JDK 设置窗口

(4) 选择 JDK 节点后，单击 Add 按钮，在弹出的对话框中选择 Java 虚拟机 JRE 的安装路径，依次单击 Finish、OK 按钮即可。

1.3.3 MySQL 数据库的安装

本书采用 MySQL 5.1 数据库，其具体安装步骤如下。

(1) 在软件安装包中选择 mysql-5.1.exe，以管理员身份运行，进入如图 1-24 所示的安装界面。

◆ 图 1-24 MySQL 安装界面（一）

(2) 单击 Next 按钮，进入如图 1-25 所示的安装界面。

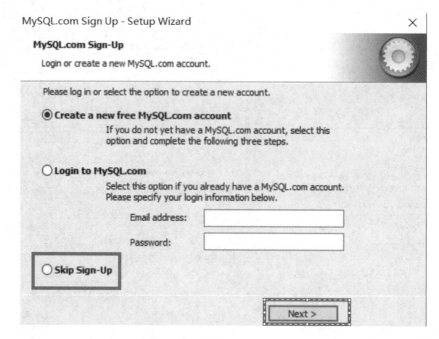

◆ 图 1-25   MySQL 安装界面 (二)

(3) 选择 Skip Sign-Up 单选按钮，并单击 Next 按钮，进入如图 1-26 所示的安装界面。

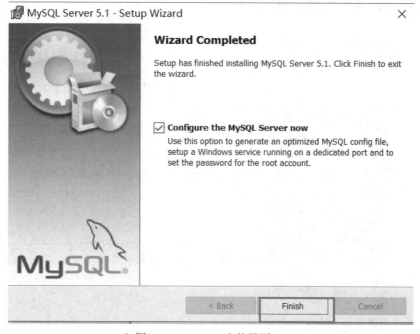

◆ 图 1-26   MySQL 安装界面 (三)

(4) 单击 Finish 按钮，进入配置服务器的详细界面，依次单击 Next 按钮，直到出现如图 1-27 所示的界面，进行字符编码的配置，在文本框中选择"utf8"。

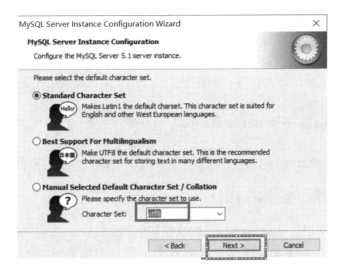

◆ 图 1-27　MySQL 的字符编码配置

(5) 单击 Next 按钮，进入如图 1-28 所示界面，设置数据库的用户名和密码。例如，将用户名和密码都设置为 root。

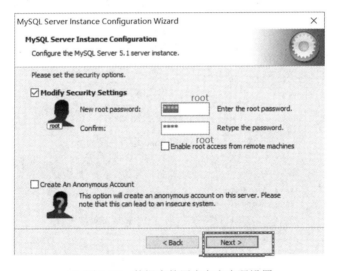

◆ 图 1-28　数据库的用户名和密码设置

(6) 依次单击 Next 按钮，直至安装完成。

1.4　Java Web 网页的制作

1.4.1　创建步骤

在 MyEclipse 8.5 + JDK 1.8 环境下开发 JSP 动态网站的步骤如下。

(1) 在 MyEclipse 中创建一个 Web 项目。

(2) 设计 Web 项目的目录结构 (将不同的文件放在不同的目录下便于更好地管理)。在这一步骤中将介绍每个目录的用途。

(3) 编写 Web 项目代码。在这一步骤中主要介绍 JSP 页面文件的创建，后台 Java 代码在后面会详细介绍。

(4) 在 MyEclipse 中部署 Web 项目。在这一步骤中主要介绍如何将项目部署到 Tomcat 容器中。

(5) 运行项目。启动 Tomcat 后，在浏览器中输入 URL 地址，即可访问系统。

1.4.2　创建我的第一个 Web 项目

在 MyEclipse 中创建一个 Web 项目的步骤如下。

(1) 打开 MyEclipse 软件 (见图 1-29)，在 File 菜单中选择 New → Web Project，弹出如图 1-30 所示的对话框。

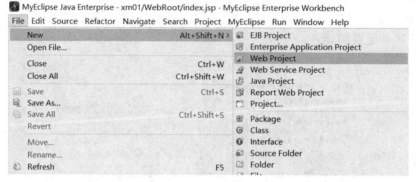

◆ 图 1-29　MyEclipse 运行主界面

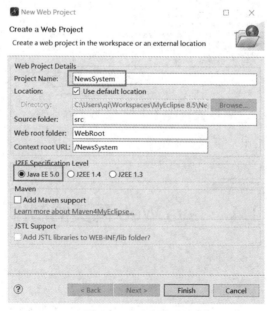

◆ 图 1-30　Web 项目配置

(2) 在图 1-30 中输入要创建的项目名称 NewsSystem，选择 Java EE 的版本 Java EE 5.0，单击 Finish 按钮，NewsSystem 就创建好了，此时在 MyEclipse 的包资源管理器 "Package Explorer" 中即可看到。

1.4.3　Web 项目的目录结构

在 MyEclipse 8.5 环境下，Web 项目要求按照特定的目录结构组织文件。当创建了一个新的 Web 项目后，可以看到如图 1-31 所示的 Web 项目的目录结构，它是由 MyEclipse 自动生成的。

```
∨ ⯈ NewsSystem
     ⯈ src
   > ⯈ JRE System Library [jdk1.8.0_361]
   > ⯈ Java EE 5 Libraries
   ∨ ⯈ WebRoot
     ∨ ⯈ META-INF
          ⯈ MANIFEST.MF
     ∨ ⯈ WEB-INF
          ⯈ lib
          ⯈ web.xml
       ⯈ index.jsp
```

◆ 图 1-31　Web 项目的目录结构

Web 项目的目录或者文件的用途如下。

(1) src 目录：用于存放 Java 源文件。

(2) WebRoot 目录：即 Web 目录，由 META-INF 目录、WEB-INF 目录以及其他 Web 资源文件构成，所有的 Web 资源都可以放在这个目录下。

(3) META-INF 目录：由系统自动生成，用于存放系统描述信息。系统描述信息放在 MANIFEST.MF 文件中。

(4) WEB-INF 目录：该目录下所有的资源不能被引用，即该目录下存放的文件无法对外发布，用户也就无法访问到。该目录由 lib 目录以及 web.xml 文件组成。lib 目录包含 Web 应用程序所必需的 .jar 包，比如如果项目要访问 MySQL 数据库，必须将数据库的驱动程序放在这个目录下。web.xml 文件是一个非常重要的全局文件，包含 Web 应用程序的初始化配置信息，因此不能被删除或修改。

(5) index.jsp 文件：该文件是 MyEclipse 在创建 Web 项目时自动为用户创建一个 JSP 文件。利用 JSP 文件可以很方便地进行动态页面的编程。具体如何开发 JSP 文件将在后面的章节中详细介绍。

1.4.4　创建 JSP 页面

创建 JSP 页面的步骤如下。

(1) 右击图 1-32 中的 WebRoot，在弹出的下拉菜单中选择 New → JSP(Advanced Templates)，弹出如图 1-33 所示的对话框。

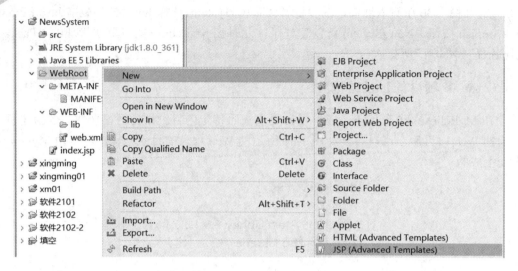

◆ 图 1-32   创建 JSP 页面 (一)

(2) 在图 1-33 中输入 JSP 页面的名称 First.jsp，单击 Finish 按钮。

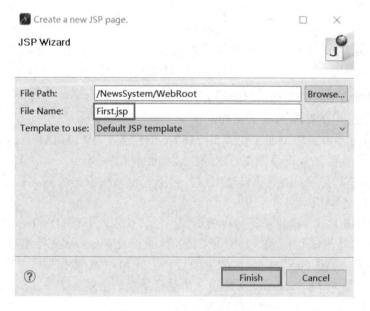

◆ 图 1-33   创建 JSP 页面 (二)

(3) 打开 "First.jsp" 页面，在 <body></body> 中间输入 "我的第一个 JSP 网页。"，然后单击 "保存" 按钮，JSP 页面就创建完成了。

1.4.5   Web 项目的部署

接下来，必须将 Web 项目 NewsSystem 部署到 MyEclispe Tomcat 应用服务器下。具体步骤如下。

(1) 单击 MyEclipse 工具栏中的 图标，弹出如图 1-34 所示的对话框。

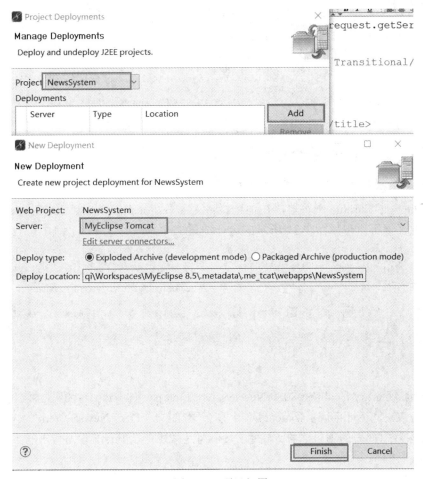

◆ 图 1-34　项目部署

(2) 在图 1-34 中选中需要部署的项目 NewsSystem，并单击 Add 按钮，在弹出的 New Deployment 对话框中选择应用服务器 Server 为 MyEclipse Tomcat，然后单击 Finish 按钮，即可完成项目部署。

1.4.6　Web 项目的运行

单击 MyEclipse 工具栏中的启动 Tomcat 图标，在弹出的下拉菜单中选择 MyEclipse Tomcat → Start(见图 1-35)，即可启动 Tomcat 应用服务器。

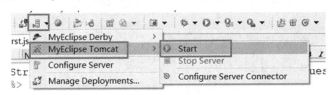

◆ 图 1-35　Tomcat 启动

此时，控制台将会出现如图 1-36 所示的 Tomcat 的启动信息。当出现"Server startup in 1886 ms"时，代表启动成功。

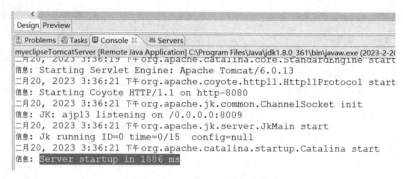

◆ 图 1-36   Tomcat 的启动信息

打开 Google Chrome 浏览器，在地址栏输入 http://localhost:8080/NewsSystem/First.jsp，并按回车键，便可出现如图 1-37 所示的运行结果。

◆ 图 1-37   运行结果

URL 地 址 http://localhost:8080/NewsSystem/First.jsp 中，http 为 超 文 本 传 输 协 议；localhost 代 表 本 机；8080 为 Tomcat 应 用 服 务 器 的 端 口 号；NewsSystem 为 Web 项目在 Tomcat 服务器中部署的项目名称 (注意：大小写是敏感的)；First.jsp 为请求的页面资源 (大小写也是敏感的)。

1.4.7　Web 程序的调试与排错

系统开发时，肯定会遇到一些错误，这些错误不仅仅是代码编写错误，很多情况下也会因为考虑不周而漏掉一些重要的操作步骤，从而导致系统无法运行。下面列举一些初学者常遇到的操作错误及解决办法。

(1) 未启动 Tomcat 服务器，直接开启浏览器运行程序，将会出现如图 1-38 所示的界面。

◆ 图 1-38   Tomcat 服务器未启动

解决办法：检查 Tomcat 服务器是否启动。按照 1.4.6 节的步骤重新启动 Tomcat 服务器，即可解决这个问题。

　　(2) Tomcat 服务器已经成功启动，但是没有部署 Web 项目就直接运行程序，则会出现如图 1-39 所示的"400 错误"界面。

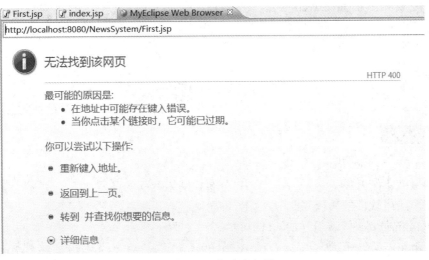

◆ 图 1-39　程序未部署

　　解决办法：发生这种"400"错误的根本原因是请求的资源在 Tomcat 容器中不存在。首先查看 Web 项目是否被部署到 Tomcat 容器中。将 Web 项目部署到 Tomcat 容器中的方法可以参照 1.4.5 节。

　　(3) URL 地址拼写错误，如路径、大小写或者请求的页面不存在等，也会出现如图 1-40 所示的"400 错误"界面。

◆ 图 1-40　路径错误

　　解决办法：仔细查看图 1-40 中地址栏的信息，发现"NewsSystem"被误写成"news"，导致请求的路径发生了错误。

小　结

本章主要介绍了 Java Web 应用开发概述，包括 Java EE 平台的相关技术，及 JDK、MyEclipse、Tomcat 等的下载与安装步骤，还介绍了 Java Web 网页的制作过程，为后面的章节打下基础。

习　题

一、选择题

1. Java EE 主要应用于 (　　)。
A. 嵌入式系统开发　　　　　　B. 分布式网络程序的开发
C. 桌面应用软件的编程　　　　D. 网页编程
2. MyEclipse 是一个基于 (　　) 的可扩展开发平台。
A. Python 语言　　　　　　　B. PHP
C. Java 语言　　　　　　　　D. C 语言
3. (多选)JSP 开发环境需要安装的软件有 (　　)。
A. JDK　　　　　　　　　　B. Tomcat 服务器
C. MyEclipse　　　　　　　　D. MySQL 数据库
4. Web 应用程序体系结构最多可分为三层，不属于这三层的是 (　　)。
A. 表示层　　　　　　　　　B. 业务层
C. 数据访问层　　　　　　　D. 网络链接层
5. 要建构 JSP 的开发环境，需要安装 JSP 开发工具，还必须安装 (　　) 和 (　　)。
A. JDK　　　　　　　　　　B. Dreamweaver MX
C. Flash MX　　　　　　　　D. Tomcat
6. 在 JSP 系统环境中常用 (　　) 作为其虚拟机。
A. Tomcat　　　　　　　　　B. J2SDK
C. Servlet　　　　　　　　　D. Web 服务器
7. JSP 隶属 Java 家族，下列不属于 Java 家族的是 (　　)。
A. Servlet　　　　　　　　　B. JavaBean
C. Spring　　　　　　　　　D. JavaScript
8. 下列关于 Web 开发的说法，正确的是 (　　)。
A. Web 是图形化的且易于导航的　B. Web 与平台无关
C. Web 是分布式的　　　　　D. Web 是动态的
E. Web 是静态的
9. 下列关于 Tomcat 的说法，正确的是 (　　)。
A. Tomcat 是一种编程语言　　B. Tomcat 是一种开发工具

C. Tomcat 是一种编程思想　　　　D. Tomcat 是一种编程规范

E. Tomcat 是一个免费的开源的 Serlvet 容器

二、判断题

1. Tomcat 是免费的开放源代码的 Servlet 容器。(　　)

2. Java EE 容器可以分为 Web 容器、EJB 容器和其他 Java 应用容器。(　　)

三、上机实践

1. 安装配置开发环境，包括 JDK 的安装、MyEclipse 8.5 的安装、MySQL 数据库的安装。

2. 在 MyEclipse 8.5 中编写一个 JSP 页面，输出"我要认真学习 Java Web 应用开发"。

习题答案

第2章 HTML 与 CSS 网页基础

学习目标

- 掌握 HTML 常用标签。
- 掌握 HTML 表单标签。
- 掌握 HTML 超链接标签和图像标签。
- 掌握 CSS 实现页面表现形式的方法。
- 学会制作主页和表单。

思政目标

- 锻炼想象力、创造力和逻辑思维能力，提升个人的修养。
- 观察生活，培养审美，提高鉴赏能力，通过日积月累地学习，作出更有设计感、创意感的页面设计。

2.1 HTML 标签语言

2.1.1 HTML 文档结构

一个 HTML 文档主要由 4 个标签组成，分别是 <html>、<head>、<title>、<body>。这 4 个标签构成了 HTML 页面最基本的元素，下面分别展开介绍。

1. 文件开始标签 <html>

<html> 标签的作用是告诉浏览器这是一个 HTML 文档。所有的 HTML 文件都以 <html> 标签开头，以 </html> 标签结束，在它们之间是文档的头部和主体内容，即 HTML 页面的所有标签都要放置在 <html></html> 标签对中。其语法格式如下：

```
<html>
...
</html>
```

2. 文件头部标签 <head>

<head> 标签的作用是定义文档头部信息，用来封装其他位于文档头部的标签，如标题标签 <title>、元信息标签 <meta>、引入 CSS 样式的 <link> 及 <style> 标签等，用于描述文档的标题、作者，以及与文档的关系等。这些头部信息不会直接在网页中显示。HTML 的头部信息以 <head> 开始，以 </head> 结束。其语法格式如下：

```
<head>
...
</head>
```

3. 文件标题标签 <title>

<title> 标签用于定义页面标题，即给网页取名字，它显示在浏览器的标题栏中。<title> 必须位于 <head> 与 </head> 标签之内。标题标签以 <title> 开始，以 </title> 结束，语法格式如下：

```
<title>...</title>
```

4. 网页主体标签 <body>

<body> 标签定义 HTML 文档的主体部分，网页中所有要显示的内容都放在主体标签内。主体标签以 <body> 开始，以 </body> 标签结束，它是成对出现的。值得注意的是，一个 HTML 文档只能有一对 <body> 标签，且 <body> 标签必须在 <html> 标签内，并且 <head> 标签对在 <body> 标签之前。其语法格式如下：

```
<body>
...
</body>
```

2.1.2　HTML 常用标签

HTML 的很多标签，提供了编辑文字、段落、图片和超链接等功能，这些标签使得页面设计更加丰富和多样。

1. 标题标签

标题标签 <hx> 常常用于标注网页中唯一标题、重要栏目、重要标题等。x 表示标题级数，取值范围为 1 ～ 6，x 越小，标题字号越大。

HTML 的标题标签有 6 个，分别是 <h1>、<h2>、<h3>、<h4>、<h5>、<h6>，它们可以区分文字的大小。其中，<h1> 代表 1 级标签，级别最高，文字最大，<h6> 代表 6 级标签，文字最小。

标题标签的 align 属性，用于设置对齐方式：left 为左对齐；right 为右对齐；center 为居中对齐；默认左对齐。

【例 2-1】用标题标签显示 h1 ～ h6 的样式大小，具体代码如下：

```
<html>
<head>
    <title> 标题标签实例 </title>
```

```
</head>
<body>
<hr/>
<h1 align ="center"> 一级标题的效果 </h1>
<h2> 二级标题的效果 </h2>
<h3> 三级标题的效果 </h3>
<h4> 四级标题的效果 </h4>
<h5> 五级标题的效果 </h5>
<h6> 六级标题的效果 </h6>
<hr/>
</body>
</html>
```

注意：水平线可以通过水平标签 <hr/> 来定义，语法格式如下：

```
<hr 属性 = "属性值" />
```

<hr/> 是单标签，在网页中输入一个 <hr/>，就添加了一条默认样式的水平线。

例 2-1 的运行结果如图 2-1 所示。

◆ 图 2-1　例 2-1 的运行结果

【例 2-2】唐诗欣赏实例——古诗《枫桥夜泊》。通过例 2-2 实例，综合展示 HTML 一些常用标签、标题标签等的应用。具体代码如下：

```
<html>
<head>
<title> 唐诗欣赏实例 </title>
</head>
<body>
    <h1> 欢迎来到本网站 </h1>
    <br>
    <hr/>
    <font face=" 楷体 _GB2312" size="2" color="blue"> 欢迎你的访问，请欣赏唐诗页面 </font>
    <p> 枫桥夜泊 </p>
            <pre>     唐·张继 </pre>
    月落乌啼霜满天，<br>
```

江枫渔火对愁眠。

姑苏城外寒山寺，

夜半钟声到客船。

<hr/>

<!-- 张继，唐代诗人 (生卒年不详)，字懿孙，汉族，湖北襄州 (今湖北襄阳) 人。 -->

</body>

</html>

例 2-2 的运行结果如图 2-2 所示。

欢迎来到本网站

欢迎你的访问，请欣赏唐诗页面

枫桥夜泊

唐 · 张继

月落乌啼霜满天，
江枫渔火对愁眠。
姑苏城外寒山寺，
夜半钟声到客船。

◆ 图 2-2　例 2-2 的运行结果

2. 段落换行标签

段落换行标签
 是一个单标签，它没有结束标签。浏览器遇到
 标签会对当前的文本内容进行强制换行，直接从下一行开始输出文本。一个
 标签代表一个换行，连续多个
 标签可以实现多次换行。

3. 文字样式标签

文字样式标签 <font> 可以设置一些文字效果 (如字体、颜色、大小)，让网页中的文字效果更加丰富。其语法格式如下：

<font 属性 = "属性值" >…</font>

<font> 标签常用的属性有 3 个，表 2-1 罗列了其常用属性。

表 2-1　<font> 标签的常用属性

属性名	含　义
face	设置文字的字体，如微软雅黑、黑体、宋体等
size	设置文字的大小，通常取 1 ~ 7 之间的整数值
color	设置文字的颜色

4. 段落标签

段落标签 <p> 用来创建一个新的段落,在 <p></p> 标签对之间加入的文本将按照段落的格式显示在浏览器上。其语法格式如下:

```
<p>…</p>
```

注意:在 <p> 开始标签和 </p> 结束标签之间的内容形成一个段落,段落中的文本会自动换行。如果省略段落标记的结束标记,从 <p> 开始,直到遇到下一个段落标记之前的文本,都在一个段落内。

5. 预定格式标签

预定格式标签 <pre> 可定义预格式化的文本。被包围在 <pre></pre> 标签对中的文本通常会保留空格和换行符,而文本也会呈现为等宽字体,网页浏览时仍能保留在编辑工具中已经排好的形式进行内容显示,默认字体是 10 磅。

6. 注释标签

注释标签 <!--……--> 用来定义注释,HTML 注释会被浏览器忽略,里面的注释内容不会在浏览器中显示。

2.1.3 HTML 表格标签

表格是网页中十分重要的组成元素。表格用来存储数据,表格包含标题、表头、行和单元格。制作网页时,使用表格可以让网页中的元素有条理地显示,也可以对网页进行规划。

在 HTML 中,表格标签为 <table>。定义表格仅使用 <table> 是不够的,还需定义表格中的行、单元格、标题等内容。使用标签创建表格的基本语法格式如下:

```
<table>
    <tr>
        <td> 单元格内的文字 </td>
    …
    </tr>
    …
</table>
```

每个表格均有若干行 (由 <tr> 标签定义),每行被分割为若干单元格 (由 <td> 标签定义)。字母 td 指表格数据 (table data),即表格单元格的内容。

2.1.4 HTML 表单标签

1. <form> 标签

表单标签 <form></form> 在网页中用来供用户填写信息,以实现服务器获得用户信息,使网页具有交互功能。其语法格式如下:

```
<form action="url" method="get|post" name="value" onsubmit ="function" onreset="function" target=
"window">…</form>
```

表单标签的主要参数介绍如下：

(1) action：设置服务器上用来处理表单数据的处理程序地址，属性值可以是 URL 地址，也可以是电子邮件地址。

(2) method：设置处理程序从表单中获得信息的方式，取值可为 get 或 post。get 方法在浏览器的地址栏中以明文形式显示表单中各个表单域的值，对数据的长度有限制。post 方法将表单中用户输入的数据进行包装，按照 HTTP 传输协议中的 post 方式传送到服务器，且对数据的长度基本没有限制，目前大都采用此方式。

(3) name：设置表单的名字。

(4) onsubmit、onreset：设置在单击 submit 或 reset 按钮后要执行的脚本函数名。

(5) target：设置显示表单内容的窗口名。

2. 表单输入标签

1) 单行输入域

<input> 标签用来定义单行输入域，用户可在其中输入单行信息。表 2-2 罗列了 <input> 标签的属性值。

表 2-2　<input> 标签的属性值

属性名	说　明
type	用于指定添加的是哪种类型的输入字段，共有 10 个可选值，如表 2-3 所示
align	设置输入域位置，可取值为 left、right、middle、top、bottom
disable	用于指定输入字段不可用，即字段变成灰色，其属性值可以为空值，也可以指定为 disable
checked	用于指定输入字段是否处于被选中状态，用在 type 属性值为 radio 和 checkbox 的情况下，其属性值可以为空值，也可以指定为 checked
width	用于指定输入字段的宽度，用在 type 属性值为 image 的情况下
height	用于指定输入字段的高度，用在 type 属性值为 image 的情况下
maxlength	用于指定输入字段可输入文字的个数，用在 type 属性值为 text 和 password 的情况下，默认没有字数限制
size	用于指定输入字段的宽度，当 type 属性为 text 和 password 时，以文字个数为单位；当 type 属性为其他值时，以像素为单位
src	用于指定图片的来源，只有当 type 属性为 image 时有效
alt	用于指定当图片无法显示时显示的文字，只有当 type 属性为 image 时有效
name	设置输入域的名字
value	设置输入域的默认值。当 type 属性为 radio 和 checkbox 时，不可省略此属性；当 type 属性为其他值时，可以省略。当 type 属性为 button、reset 和 submit 时，指定的是按钮上显示的文字；当 type 属性为 radio 和 checkbox 时，指定的是数据项选定时的值

type 属性用于指定 <input> 标签输入数据的类型。表 2-3 罗列了该属性值的可选项。

表 2-3   type 属性值

可选值	描　　　述
text	定义单行的输入字段，用户可在其中输入文本，默认宽度为 20 个字符
submit	提交按钮，提交按钮会把表单数据发送到服务器
password	密码域，该字段中的字符被掩码
reset	重置按钮，重置按钮会清除表单中的所有数据
file	文件域，定义输入字段和"浏览"按钮，供文件上传
button	普通按钮
radio	单选按钮
hidden	隐藏域，定义隐藏的输入字段
checkbox	定义复选框
image	图像域，定义图像形式的提交按钮

2）多行输入域

<textarea></textarea> 标签对用来定义多行输入域。其语法格式如下：

<textarea name="…" rows="…" cols="…"wrap="…">…</textarea>

<textarea> 标签的主要参数介绍如下：

（1）name：设置输入域的名字，定义多行文本框的名称，必须定义一个独一无二的名称。

（2）rows：设置输入域的行数，定义多行文本框的高度，单位是单个字符高度。

（3）cols：设置输入域的列数，定义多行文本框的宽度，单位是单个字符宽度。

（4）wrap：设置是否自动换行，属性值可取 off（不自动换行）、hard（自动硬回车换行，换行标记一同被传送到服务器）、soft（自动软回车换行，换行标记不会被传送到服务器），定义输入内容超过文本域时的显示方式。

【例 2-3】使用文本框实现留言板功能，具体代码如下：

```
<html>
 <head>
  <title> 留言板 </title>
 </head>
 <body>
 <form>
 <h1> 留言板 </h1>
 <h2> 用户寄语 </h2>
 <textarea rows="6" cols="80"> 欢迎来到我的空间 </textarea>
 <h2> 发表您的留言与评论 </h2>
 <textarea rows="6" cols="80"></textarea><br>
```

```
<input type="button" value=" 发表 ">
<label><input type="checkbox"> 点赞 </label>
<label><input type="checkbox"> 收藏 </label>
</form>
</body>
</html>
```

例 2-3 的运行结果如图 2-3 所示。

◆ 图 2-3　例 2-3 的运行结果

3. 列表框标签

列表框标签主要用于在有限的空间里设置多个选项。列表框既可以用作单选，也可以用作复选。其语法格式如下：

```
<select name="…" size="…"multiple>
<option value="…"selected>
…
</option>
…
</select>
```

<select></select> 标签对用于建立下拉列表。其主要参数介绍如下：

name：设置下拉列表的名字。

size：设置下拉列表的选项个数，默认值为 1。

multiple：表示下拉列表支持多选。

<option></option> 标签对用于定义下拉列表中的一个选项，用户可以从列表中选择一项或多项。其主要参数介绍如下：

value：表示该选项被选中时提交给表单的值。如果省略了这个属性，就从选项元素的文本内容中获取值。

selected：表示当前选项被默认选中。

2.1.5　HTML 超链接标签与图像标签

1. 超链接标签

<a> 标签用于给网页创建超链接。文本超链接是一种常见的链接，它通过网页中的文本和其他文件进行链接。其语法格式如下：

<a href="链接地址" target="打开新窗口的方式"> 链接文字 </a>

target 有 4 个属性，分别对应 4 种打开新窗口的方式，表 2-4 罗列了 target 的属性值。

表 2-4　target 属性值

方　式	含　义
blank	新建一个窗口打开
self	在同一个窗口中打开，默认值
parent	在上一级窗口中打开
top	在浏览器的整个窗口打开

2. 图像标签

使用 <img> 标签可以在网页中显示图像。<img> 标签是单标签，其语法格式如下：

<img src="图像路径" alt="图像不能显示时的替换文本" title="鼠标指针悬停时显示的内容" />

src 属性用于指定图像的路径，图像的路径可以是绝对路径，也可以是相对路径，它是 <img> 标签必不可少的属性。

绝对路径就是网页上的文件或硬盘的真正路径，如 D:\Java Web\ch02\images\1.jpg，或完整的网络地址，如 http://www.06ps.com/d/file/2017/0522/1495420575299.jpg。

相对路径描述相对于当前文件的路径。相对路径的设置分为以下 3 种：

(1) 图像文件和 HTML 文件位于同一文件夹：只需输入图像文件的名称即可，如 <img src="summer.jpg"/>。

(2) 图像文件位于 HTML 文件的下一级文件夹：需输入文件夹名和文件名，之间用"/"隔开，如 <img src="images/news/logo.png" />。

(3) 图像文件位于 HTML 文件的上一级文件夹：在文件名之前加入 "../"，如果是上两级，则需要使用 "../../"，以此类推，如 <img src="../ summer.jpg" />。

alt 属性，即图像替换文本属性，用于当页面中的图像无法正常显示时，如图片加载失败，浏览器版本低，可为页面上的图像添加替换文本。

2.2　CSS

设计网页时为了追求更多字体的选择、更方便的样式效果、更绚丽的图形动画，使用 CSS 设计样式可以不改变原有 HTML 的结构，添加丰富的样式，实现结构与表现的分离。

使用 CSS 修饰网页，需要在 HTML 文档中引入 CSS 样式，以达到分离网页内容和样式代码的目的。CSS 样式有行内样式、内嵌样式、链接样式。

1. 行内样式

行内样式是使用 HTML 标签的 style 属性，该属性的内容就是 CSS 属性和值。其语法格式如下：

< 标签名 style=“属性 1: 属性值 1; 属性 2: 属性值 2; 属性 3: 属性值 3;” >…</ 标签名 >

上述语法中，style 是标签的属性，行内样式只对其所在的标签及嵌套在其中的子标签起作用。行内样式写在 <html> 根标签中，图 2-4 示例展示了使用 style 属性设置 CSS 行内样式，修饰二级标题的字体大小和颜色，具体代码如下：

<h2 style="font-size:30px; color:pink;"> 使用 CSS 行内式修饰一级标题的字体大小和颜色 </h2>

◆ 图 2-4　行内样式效果图

注意：行内样式通过标签的属性来控制样式，这并没有做到结构和样式的分离，并不推荐使用。

2. 内嵌样式

使用内嵌样式就是将 CSS 样式代码添加到 <head> 与 </head> 之间，并且用 <style> 和 </style> 标签进行声明，其基本语法格式如下：

```
<head>
<style type="text/css">
  选择器 { 属性 1: 属性值 1; 属性 2: 属性值 2; 属性 3: 属性值 3; }
</style>
</head>
```

在上述语法中，<style> 标签集中写在 <head> 标签内，一般位于 <title> 标签之后，也可以把它放在 HTML 文档的任何地方。鉴于浏览器是从上到下解析代码的，把 CSS 代码放在头部，有利于提前下载和解析，从而避免网页内容下载之后没有样式修饰的不足。此外，type 的属性值需要设置为 “text/css”，告知浏览器需要设置 type 属性值为 “text”，从而浏览器可知 <style> 标签包含了 CSS 代码。遇到宽松的语法格式，type 属性可以省略。

【例 2-4】通过内嵌样式定义古诗的标题和内容，具体代码如下：

```
<html>
<head>
<title> 内嵌式 </title>
<style type="text/css">
h3{
```

```
        color:green;                    // 设置字体颜色为绿色
        font-size:20px;                 // 设置字体的大小
        text-decoration:underline;      // 给文本字体添加下划线
        text-align:center;              // 设置段落居中显示
     }
     p{
        color:black;                    // 设置字体颜色为黑色
        font-size:20px;                 // 设置字体的大小
        text-align:center;              // 设置段落居中显示
     }
   </style>
 </head>
 <body>
 <h3>《送人游吴》杜荀鹤 </h3>
 <p> 君到姑苏见，人家尽枕河。古宫闲地少，水港小桥多。</p>
 <p> 夜市卖菱藕，春船载绮罗。遥知未眠月，乡思在渔歌。</p>
 </body>
</html>
```

例 2-4 的运行结果如图 2-5 所示。

◆ 图 2-5　例 2-4 的运行结果

3. 链接样式

链接样式是将所有的样式放在一个或多个以 .css 为扩展名的外部样式表文件中，通过链接标签 <link> 链接到 HTML 页面中。其基本语法格式如下：

```
 <head>
 <link href="CSS 文件的路径 " rel="stylesheet"type="text/css" />
 </head>
```

<link> 标签的主要参数介绍如下：

(1) href：定义 CSS 样式表所在的 URL，可以是相对路径，也可以是绝对路径。此处表示当前路径下名称为 style.css 的文件。

(2) rel：指定链接到样式表，其值为 stylesheet。

(3) type：定义链接文档的类型，需要指定为 text/css，表示样式表类型为 CSS 样式表。

【例 2-5】使用链接样式显示古诗词，具体代码如下：

```
 <html>
   <head>
```

```
  <title> 外链式 </title>
    <link href="style01.css" rel="stylesheet" type="text/css"/>
  </head>
  <body>
  <h3>《送人游吴》 杜荀鹤 </h3>
  <p> 君到姑苏见，人家尽枕河。古宫闲地少，水港小桥多。</p>
  <p> 夜市卖菱藕，春船载绮罗。遥知未眠月，乡思在渔歌。</p>
  </body>
</html>
```

例 2-5 的运行结果如图 2-6 所示。

◆ 图 2-6　例 2-5 的运行结果

2.3　实 战 案 例

【实战案例 2-1】制作学员信息发布的表单，图 2-7 为其运行效果图。

◆ 图 2-7　学员信息发布的表单

制作学员信息发布的表单，具体代码如下：

```html
<html>
 <head>
  <title>My JSP 'zhuce.jsp' starting page</title>
   <meta http-equiv="pragma" content="no-cache">
   <meta http-equiv="cache-control" content="no-cache">
   <meta http-equiv="expires" content="0">
   <meta http-equiv="keywords" content="keyword1,keyword2,keyword3">
   <meta http-equiv="description" content="This is my page">
   <!--
   <link rel="stylesheet" type="text/css" href="styles.css">
   -->
<link href="gs03.css" rel="stylesheet" type="text/css" />
 </head>
 <body>
  <center> <h1> 学员信息发布 </h1></center>
<form action="zhuye_styz.jsp" method="post" >
 <table  width="794"  height="480" border="1" align="center">
  <tr>
   <td width="226" class="anniu"> 姓名： </td>
   <td width="430" class="anniu">
    <input type="text" name="name" id="name" />
   </td>
  </tr>
  <tr>
   <td width="226" class="anniu"> 学号： </td>
   <td width="430" class="anniu">
    <input type="text" name="id" id="id" />
   </td>
  </tr>
  <tr>
   <td width="226" class="anniu"> 班级： </td>
   <td width="430" class="anniu">
    <input type="text" name="classroom" id="classroom" />
   </td>
  </tr>
  <tr>
   <td class="anniu"> 性别： </td>
```

```
  <td class="anniu">
    <input type="radio" name="sex" id="radio" value=" 男 " /> 男
    <input type="radio" name="sex" id="radio" value=" 女 " /> 女
  </td>
</tr>
  <tr>
  <td class="anniu"> 籍贯： </td>
  <td class="anniu">
    <select name="jiguan" id="jiguan">
      <option value=" 安徽 "> 安徽 </option>
      <option value=" 江苏 "> 江苏 </option>
      <option value=" 浙江 "> 浙江 </option>
      <option value=" 河南 "> 河南 </option>
      <option value=" 贵州 "> 贵州 </option>
    </select>
    </td>
</tr>
<tr>
  <td class="anniu"> 爱好： </td>
  <td class="anniu">
    <input name="aihao" type="checkbox" id="aihao" value=" 读书 " /> 读书
    <input name="aihao" type="checkbox" id="aihao" value=" 运动 " /> 运动
    <input name="aihao" type="checkbox" id="aihao" value=" 音乐 " /> 音乐
    <input name="aihao" type="checkbox" id="aihao" value=" 美术 " /> 美术
    </td>
</tr>
<tr>
  <td class="anniu"> 美照： </td>
  <td class="anniu">
  <input type="file" name="photo" id="photo" /></td>
</tr>
<tr>
  <td class="anniu"> 人生格言： </td>
  <td class="anniu">
  <textarea name="geyan" id="geyan" cols="45" rows="5"></textarea></td>
</tr>
<tr>
  <td colspan="2" align="center"><h2>
```

```
    <input name="button" type="submit" class="anniu" id="button" value=" 提交 " />
            
    <input name="button2" type="reset" class="anniu" id="button2" value=" 重置 " />
    </h2></td>
  </tr>
 </table>
</form>
 </body>
</html>
```

其中，该表单页面采用外链式调用 CSS，gs03.css 的代码如下：

```
@charset "utf-8";
.big {
    font-family: " 楷体 ";
    font-size: 30px;
    font-weight: bold;
    background-color: #82DAFE;
    text-align: left;
}
.small {
    font-family: " 楷体 ";
    font-size: 24px;
    font-weight: bold;
    background-color: #BFF4EE;
    text-align: left;
}
.banquan {
    font-family: " 楷体 ";
    font-size: 18px;
    font-weight: bold;
    background-color: #DAF1FF;
    text-align: center;
}
.anniu {
    font-family: " 楷体 ";
    font-size: 30px;
    font-weight: bold;
}
```

【实战案例 2-2】制作学员信息和新闻发布的主页，图 2-8 为其运行效果图。

◆ 图 2-8　学员信息发布和新闻信息发布的主页

制作学员信息发布和新闻信息发布的主页，具体代码如下：

```
<html>
  <head>
    <base href="<%=basePath%>">
    <title>My JSP 'zhuye.jsp' starting page</title>
<link href="gs03.css" rel="stylesheet" type="text/css" />
  </head>
  <body>
  <table width="1263" height="817" border="1">
  <tr>
    <td height="176" colspan="3"><img src="images/banner.jfif" width="1254" height="263" /></td>
  </tr>
  <tr>
    <td width="204" height="55" class="big"><img src="images/big.png" width="16" height="14" /> 班级
管理 </td>
    <td width="781" rowspan="7"><img src="images/welcome.jfif" width="794" height="505" /></td>
    <td width="257" class="big"><img src="images/big.png" alt="" width="16" height="14" /> 在线
交流 </td>
  </tr>
  <tr class="small">
    <td height="50"><img src="images/small.jfif" width="15" height="15" /><a href="zhuye_student.jsp">
学员信息发布 </a></td>
    <td><img src="images/small.jfif" alt="" width="15" height="15" /> 留言板 </td>
  </tr>
  <tr class="small">
    <td height="50"><img src="images/small.jfif" alt="" width="15" height="15" /><a href="zhuye_news.
```

```
jsp"> 新闻信息发布 </a></td>
  <td><img src="images/small.jfif" alt="" width="15" height="15" /> 讨论区 </td>
</tr>
<tr class="big">
  <td height="50"><img src="images/big.png" alt="" width="16" height="14" /> 校园风采 </td>
  <td><img src="images/big.png" alt="" width="16" height="14" /> 联系我们 </td>
</tr>
<tr class="small">
  <td height="50"><img src="images/small.jfif" alt="" width="15" height="15" /> 优秀学员榜 </td>
  <td><img src="images/tel.jfif" width="20" height="20" /> 电话：</td>
</tr>
<tr class="small">
  <td height="50"><img src="images/small.jfif" alt="" width="15" height="15" /> 公益之家 </td>
  <td><img src="images/wx.jfif" width="18" height="18" /> 微信：</td>
</tr>
<tr>
  <td height="50"> </td>
  <td> </td>
</tr>
<tr>
  <td height="31" colspan="3" class="banquan"> 版权所有：信息技术学院 </td>
</tr>
</table>
</body>
</html>
```

【实战案例 2-3】制作一个新闻信息发布的表单，图 2-9 为其效果图。

◆ 图 2-9 新闻信息发布表单

制作新闻信息发布的表单，具体代码如下：

```jsp
<%@ page language="java" import="java.util.*" pageEncoding="UTF-8"%>
<!DOCTYPE HTML PUBLIC "-//W3C//DTD HTML 4.01 Transitional//EN">
<html>
 <head>
  <title>My JSP 'denglu.jsp' starting page</title>
 </head>
 <body><div align="center"><p><font size="7"><strong>
新闻信息发布
</strong></font>
  </p></div><form method="post"  action="zhuye_newsyz.jsp" ><div align="center">
    </div><table width="800"  border="1" align="center">
  <tr>
   <td width="300" height="100" align="left">
     <font size="5"><strong>  新闻标题：</strong></font></td>
   <td width="300" height="100" align="left">
     <font size="6"><input type="text" name="title" ></font>
     </td>
  </tr>
  <tr>
   <td width="200" height="100" align="left">
   <font size="5"><strong>  关键字：</strong></font></td>
   <td height="100" align="left">
   <font size="6">
       <input type="checkbox" name="key" value=" 疫情 "> 疫情
       <input type="checkbox" name="key" value=" 民生 "> 民生
       <input type="checkbox" name="key" value=" 政治 "> 政治
       <input type="checkbox" name="key" value=" 教育 "> 教育
     </font></td>
  </tr>
  <tr>
   <td width="200" height="100" align="left">
   <font size="5"><strong>  新闻类别：</strong></font></td>
   <td height="100" align="left">
   <font size="6">
       <select name="sort" class="anniu">
         <option value=" 娱乐 "> 娱乐 </option>
         <option value=" 教育 "> 教育 </option>
         <option value=" 民生 "> 民生 </option>
```

```
                <option value=" 政治 "> 政治 </option>
                <option value=" 军事 "> 军事 </option>
            </select>
        </font></td>
    </tr>
    <tr>
    <td width="200" height="100" align="left">
    <font size="5"><strong>  新闻快照：</strong></font></td>
    <td height="100" align="left">
    <font size="6">
            <input type="file"  name="photo"/>
        </font></td>
    </tr>
    <tr>
    <td width="200" height="100" align="left">
    <font size="5"><strong>  新闻简介：</strong></font></td>
    <td height="100" align="left">
    <font size="6">
            <textarea name="jianjie" cols="30" rows="5"></textarea>
        </font></td>
    </tr>
    <tr align="left">
    <td height="100" colspan="2" align="center"><font size="6" >
            <input type="submit"  value=" 提交 " />
                
            <input type="reset" value=" 取消 "/>
        </font></td>
    </tr>
    </table>
    </form>
    </body>
</html>
```

小   结

  本章介绍了 HTML 与 CSS 网页基础。一个 HTML 文档主要由 4 个标签组成，分别是 <html>、<head>、<title>、<body>。这 4 个标签构成了 HTML 页面最基本的元素。

  HTML 常用标签有标题标签、段落换行标签
、文字样式标签 <font>、段落标签 <p>、预定格式标签 <pre>、注释标签 <!-- 和 --> 等。表格标签为 <table>，行由 <tr> 标签定义，数据单元格的内容由 <td> 标签定义。表单标签 <form> 用于在网页中供用户填写信息，<a> 标签用于在网页中创建超链接，<img> 标签用于在网页中显示图像。

CSS 样式有行内样式、内嵌样式、链接样式，其中链接样式使用频率最高。

习　　题

一、选择题

1. 下面关于 CSS 样式和 HTML 样式的不同之处，说法正确的是 (　　　)。

A. HTML 样式只影响应用它的文本和使用所选 HTML 样式创建的文本

B. CSS 样式只可以设置文字字体样式

C. HTML 样式可以设置背景样式

D. HTML 样式和 CSS 样式相同，没有区别

2. 在 HTML 中，<font> 标签的 size 属性最大取值可以是 (　　　)。

A. 5　　　　　　　　B. 6　　　　　　C. 7　　　　　　　　D. 8

3. 下面哪一个属性不是文本的标签属性 ?(　　　)

A. nbsp　　　　　　B. align　　　　　C. color　　　　　D. face

4. 要在表单中创建一个多行文本输入框，初始值为：这是一个多行文本框。下面语句正确的是 (　　　)。

A. <textarea name="text1" value=" 这是一个多行文本框 "></textarea>

B. <input type="text" value=" 这是一个多行文本框 " name="text1">

C. <input type="textarea" name="text1" value=" 这是一个多行文本 ">

D. <textarea name="text1" cols=20 rows=5> 这是一个多行文本框 </textarea>

5. 用 HTML 标记语言编写一个简单的网页，网页最基本的结构是 (　　　)。

A. <html> <head> … </head> <frame> …</frame> </html>

B. <html> <title> …</title> <body> … </body> </html>

C. <html> <title> … </title> <frame> ... </frame> </html>

D. <html> <head> … </head> <body> … </body> </html>

6. 若要在页面中创建一个图形超链接，要显示的图形为 myhome.jpg，以下用法中正确的是 (　　　)。

A. <a href=" " >myhome.jpg</a>

B. <a href=" " src="myhome.jpg"></a>

C. <img src="myhome.jpg"><a href=" "></a>

D. <a href=" "><img src="myhome.jpg"></a>

7. 若要制作一个 4 行 30 列的多行文本域，以下方法中正确的是 (　　　)。

A. <input type="text" rows="4" cols="30" name="txtintrol">

B. <textarea rows="4" cols="30" name="txtintro">

C. <textarea rows="4" cols="30" name="txtintro"></textarea>

D. <textarea rows="30" cols="4" name="txtintro"></textarea>

8. 若要在网页中插入样式表 main.css, 以下用法中正确的是 (　　　)。

A. \<link href="main.css " type=text/css rel=stylesheet>

B. \<link src="main.css" type=text/css rel=stylesheet>

C. \<link href="main.css" type=text/css>

D. \<include href="main.css" type=text/css rel=stylesheet>

9. 关于文本对齐，源代码设置不正确的一项是 (　　　)。

A. 居中对齐：\ … \

B. 居右对齐：\ … \

C. 居左对齐：\ … \

D. 两端对齐：\ … \

10. 下列哪一项是在新窗口中打开网页文档？ (　　　)

A. _self　　　　　　B. _blank　　　　C. _top　　　　　D._parent

11. 换行标签为 (　　　)。

A. \<td>　　　　　　B. \<tr>　　　　　C. \
　　　　　D. \<p>

12. 表单标签用 (　　) 表示。

A. \<table> \</table>　　　　　　　　B. \<td> \</td>

C. \<tr> \</tr>　　　　　　　　　　　D. \<form> \</form>

13. (多选) 以下哪项是 HTML 常用标签？ (　　　)

A. \
　　　　B. \<img src=" … " />　　　　　C. \<p>　　　　D. \<a href=" … "> \</a>

二、填空题

1. 单选按钮使用的标签是：\<input type="＿＿＿＿＿＿">。

2. 插入文件域：\<input type="＿＿＿＿＿" name="＿＿＿＿＿＿">。

3. 插入提交按钮：\<input type="＿＿＿＿＿" value=" 提交 ">。

三、上机实践

制作一个用户登录的页面，运行结果如图 2-10 所示。

用户登录

用户名：	
密码：	
	提交　重置

新用户注册

◆ 图 2-10　用户登录页面

习题答案

第 3 章   JSP 语法

学习目标

- 了解 JSP 页面的基本构成元素。
- 掌握 JSP 的基本语法。
- 熟悉 JSP 指令元素的使用。
- 掌握 JSP 脚本元素的使用。
- 熟悉 JSP 程序中的注释方法。

思政目标

- 养成自觉遵守规则，诚实守信的品德。
- 学习方法教师引导，学习品质随堂渗透。
- 课堂教学举一反三，守正发展创新理念。

3.1   JSP 页面构成

　　JSP 是由 Sun Microsystems 公司主导创建的一种动态网页技术标准。JSP 部署于网络服务器上，可以响应客户端发送的请求，并根据请求内容动态地生成 HTML、XML 或其他格式文档的 Web 网页，然后返回给请求者，图 3-1 为 JSP 的运行原理图。

　　JSP 技术是以 Java 语言为脚本，在静态页面中嵌入 Java 代码和特定内容，动态生成其中部分内容。JSP 技术继承了 Java 语言的相对易用性；能以模板化的方式简单、快速地添加动态网页内容；可以重复利用 JavaBean 和标签库技术的功能组件，且支持可扩展功能的自定义标签；有良好的工具支持；拥有 Java 语言跨平台的特性，网站开发人员可以选择在最适合自己的系统平台上进行 JSP 开发，不同环境下开发的 JSP 项目，在所有客户端上都能顺利访问；页面中的动 (控制变动内容的部分)/ 静 (内容不需变动的部分) 区域以分散但又有序的形式组合在一起，能使人更直观地看出页面代码的整体结构，也使得设计页面效果和程序逻辑这两部分工作容易分离 (外观视图与逻辑分离)，从而方便分配人员并发挥各自长处，实现高效的分工合作。

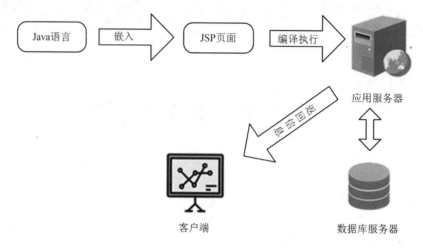

◆ 图 3-1   JSP 的运行原理图

当客户端浏览器向服务器发出一个 JSP 页面的访问请求时，Web 服务器会根据请求加载对应的 JSP 页面，并对此页面进行编译，然后执行。图 3-2 为 JSP 的执行过程图。

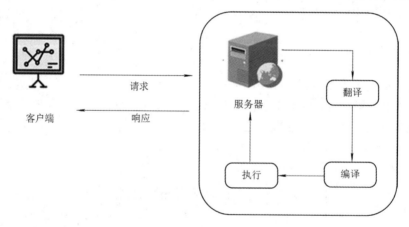

◆ 图 3-2   JSP 的执行过程图

JSP 的执行过程主要分为以下 3 个阶段：

(1) 翻译阶段 (translation)：Web 容器接收 JSP 请求后，首先会对 JSP 页面进行翻译，通过 JSP 容器将其转换成可识别的 Java 源代码。

(2) 编译阶段 (compilation)：将 Java 源文件编译成可执行的字节码文件，也就是扩展名为 .class 的文件。

(3) 执行阶段 (execute)：把生成的结果页面返回给客户端浏览器显示。

注意：如果对 JSP 文件进行了修改，再次访问 JSP 页面时，Web 容器会重新进行翻译和编译。

JSP 页面就是带有 JSP 元素的常规 Web 页面，是扩展名为 ".jsp" 的文件。它由静态内容和动态内容构成。其中，静态内容是指 HTML 元素，动态内容 (JSP 元素) 包括指令元素、脚本元素、动作元素、注释等内容。一个简单的 JSP 页面由静态内容、指令、表达式、小脚本、声明、标准动作、注释 7 种元素组成，表 3-1 罗列了 JSP 页面的元素组成。

表 3-1　JSP 页面的元素组成

元素组成	说　　明
静态内容	HTML 静态文本
指令	以 "＜%@" 开始，以 "%＞" 结束
表达式	＜%＝ Java 表达式%＞
小脚本	＜% Java 代码%＞
声明	＜%！方法%＞
标准动作	以 "<jsp: 动作名 >" 开始，以 "< / jsp: 动作名 >" 结束
注释	HTML 注释，<！ -- 注释内容 -->；JSP 注释，<% -- 注释内容 --% >

【例 3-1】试编写一个 JSP 页面输出系统的当前时间，具体代码 (3-1.jsp) 如下：

```
<%@ page language="java" contentType="text/html;charset=GBK"%>
<%@ page import="java.text.*,java.util.*"%>
<html>
<body>
<%
    SimpleDateFormat formater = new SimpleDateFormat("yyyy 年 MM 月 dd 日 HH 时 mm 分 ss 秒 ");
    String strCurrentTime = formater.format(new Date());
%>
<center>
你好，苏州托普信息职业技术学院！现在是：
<%= strCurrentTime%>
</center>
</body>
</html>
```

通过编写 JSP 页面显示系统当前时间发现，JSP 页面是由静态文本 (HTML 标签) 和动态内容 (JSP 元素等) 穿插在一起构成的。下面结合例 3-1 分别对指令元素、脚本元素、注释进行详细讲解，深化各类代码的理解，实现具体案例的动态页面。例 3-1 的运行结果如图 3-3 所示。

◆ 图 3-3　例 3-1 的运行结果

知识拓展

　　SimpleDateFormat 类是 DateFormat 类 (抽象类) 的子类，其作用是对日期时间进行格式化 (如可以将日期转换为指定格式的文本，也可以将文本转换为日期)。常用的构造方法：public SimpleDateFormat() 是用默认的模式和日期格式符号，public SimpleDateFormat(String pattern) 是用给定的模式和默认日期格式符号。显示不同格式的时间，需要遵循时间构造方法类的格式化语法规则，图 3-4 罗列了 SimpleDateFormat 类格式化语法规则。

yyyy：年
MM：月
dd：日
hh：1 ～ 12 小时制 (1 ～ 12)
HH：24 小时制 (0 ～ 23)
mm：分
ss：秒
S：毫秒
E：星期几
D：一年中的第几天
F：一月中的第几个星期 (会把这个月总共过的天数除以 7)
w：一年中的第几个星期
W：一月中的第几个星期 (会根据实际情况来算)
a：上下午标识
k：和 HH 相同，表示一天 24 小时制 (1 ～ 24)
K：和 hh 相同，表示一天 12 小时制 (0 ～ 11)
z：表示时区

◆ 图 3-4　SimpleDateFormat 类格式化语法规则

3.2　JSP 指令元素

　　JSP 指令 (directive) 用来告诉 Web 服务器如何处理 JSP 页面的请求和响应。服务器会根据 JSP 指令来编译 JSP，生成 Java 文件。JSP 指令不产生任何可见输出，在生成的 Java 文件中，不存在 JSP 指令。JSP 指令以 <%@ 开始，以 %> 结束，其语法格式如下：

　　<%@ 指令名称 属性 1 = " 值 1" 属性 2 = " 值 2" …%>

　　JSP 指令分为 3 种类型，表 3-2 罗列了其详细信息。

表 3-2　JSP 指令类型

指　　令	说　　明
<%@ page ... %>	定义与页面相关的属性，如脚本语言、错误页面和缓冲要求
<%@ include ... %>	引入其他 JSP 文件
<%@ taglib ... %>	声明并引入标签库

注意：(1) 属性值总是用单引号或者双引号括起来。

(2) 若一个指令有多个属性，可以写在一个指令中，各属性之间用空格分开，不需要任何标点；也可以分开写。

3.2.1　page 指令

page 指令用来定义当前页面的相关属性，其作用域是整个 JSP 页面。page 指令可以在 JSP 页面的任意位置编写，为了养成良好的编程习惯，通常放在 JSP 页面的顶部，如例 3-1，部分代码如下所示：

```
<%@ page language="java"contentType="text/html;charset=GBK"%>
<%@ page import="java.text.*,java.util.*"%>
```

page 指令的语法格式如下：

```
<%@ page 属性 1 = " 值 1" 属性 2= " 值 2" %>
```

表 3-3 罗列了与 page 指令相关的属性。

表 3-3　page 指令相关属性

属　　性	取　　值	说　　明
buffer	none、缓冲区大小 (默认值为 8kb)	指定输出流是否有缓冲区
autoFlush	true(默认值)、false	指定缓冲区是否自动清除
contentType	text/html; charset = ISO-8859-1、text/xml; charset = UTF-8 等	指定 MIME 类型和字符编码
errorPage	页面路径	指定当前 JSP 页面发生异常时，需要重定向的错误页面
isErrorPage	true、false(默认值)	指定当前页面为错误页面
extends	包名、类名	指定当前页面继承的父类，一般很少使用
import	类名、接口名、包名	导入类、接口、包，类似于 Java 的 import 关键字
info	页面的描述信息	定义 JSP 页面的描述信息，可以使用 getServletInfo() 方法获取
isThreadSafe	true(默认值)、false	是否允许多线程使用
language	脚本语言	指定页面中使用的脚本语言
session	true(默认值)、false	指定页面是否使用 session
isELIgnored	true(默认值)、false	指定页面是否忽略 JSP 中的 EL

page 指令中常见的属性有：language(脚本语言) 用来指定 JSP 页面使用的脚本语言的种类，在 JSP 页面中，这个属性可以省略，系统默认使用的脚本语言为 Java；import(导入 Java API) 用来导入 Java 包的列表，和 Java 源代码中的 import 意义一样，导入多个包需要用逗号隔开；contentType 用来定义 JSP 页面字符编码和页面响应的 MIME 类型；pageEncoding 用来指定 JSP 页面的字符编码；isErrorPage 用来指定当前页面是否为出错页面，如果被设置为 true，就能在此页面中使用 exception 对象，默认值为 false；errorPage

用来指明当前页面发生错误后的跳转页面地址。以上属性除 import 可以声明多个外，其他属性都只能出现一次。

知识拓展

import 常用导入包类型如下：

(1) .lang 包：包含了 Java 语言的核心类，如 String、Math、System、Thread 类等，这个包无须使用 import 语句导入，系统会自动导入包中的所有类。

(2) .util 包：包含 Java 的大量工具类和接口、集合框架类和接口，如 Arrays、List、Set 等。

(3) .net 包：包含 Java 网络编程相关的类和接口。

(4) .io 包：包含 Java 输入、输出编程相关的类、接口。

(5) .text 包：包含 Java 格式化相关的类。

(6) .sql 包：包含 Java 进行 JDBC 数据库编程的相关类和接口。

(7) .awt 包：包含抽象窗口工具集 (Abstract Window Toolkits，AWT) 的相关类和接口，主要用于构建图形用户界面 (GUI) 程序。

(8) .swing 包：包含 Swing 图形用户界面编程的相关类和接口，用于构建与平台无关的 GUI 程序。

3.2.2　include 指令

include 指令用于在 JSP 页面中引入其他内容，可以是 JSP 文件、HTML 文件和文本文件等，相当于把文件的内容复制到 JSP 页面，引入的文件和 JSP 页面同时编译运行。include 指令的语法格式如下：

```
<%@ include file="URL" %>
```

注意：file 指定需要引入文件的相对路径。相对路径是指以当前的文件作为起点，相较于当前目录的位置而被指向并且加以引用的文件资源，无盘符，在 HTML 语言中，常常以 "./01.png" 的形式出现。而绝对路径是指在当前文件的电脑硬盘上真正存在的路径，也就是可以在文件目录里进行直接复制的路径，在 HTML 语言中，常常以 "D：/ 文件夹名 /01.png" 的形式出现。

使用 include 指令的优点是可以使 JSP 页面的代码结构清晰易懂、增加代码的可重用性、维护简单。例如，通常网站页面的顶部显示同样的 LOGO 图片，我们可以把图片内容单独写在一个文件中，再使用 include 指令嵌入原 JSP 文件，尽量避免代码重复冗余问题。

【例 3-2】使用 HTML 标签，在例 3-1 页面的顶部增加 LOGO 图片，具体代码 (3-2.jsp) 如下：

```
<%@ page language="java" contentType="text/html;charset=GBK"%>
<%@ page import="java.text.*,java.util.*"%>
<html>
<body>
<table width="1300" border="0" align="center">
<tr>
```

```
<td width="1300" align="center">
<img src="images/head.png"/>
</td>
</tr>
</table>
<%
    SimpleDateFormat formater = new SimpleDateFormat("yyyy 年 MM 月 dd 日 HH 时 mm 分 ss 秒 ");
    String strCurrentTime = formater.format(new Date());
%>
<center>
你好，苏州托普信息职业技术学院！现在是：
<%= strCurrentTime%>
</center>
</body>
</html>
```

【例 3-3】使用 include 指令嵌入头文件在例 3-1 页面的顶部增加 LOGO 图片。

(1) 先编写一个包含 head.png 的 head.html 文件，head.html 文件具体代码如下：

```
<html>
<body>
<table width="1300" border="0" align="center">
<tr>
<td width="1300" align="center"><img src="images/head.png"/></td>
</tr>
</table>
</body>
</html>
```

(2) 再使用 include 指令嵌入 head.html，具体代码 (3-3.jsp) 如下：

```
<%@ page language="java" contentType="text/html;charset=GBK"%>
<%@ page import="java.text.*,java.util.*"%>
<html>
<body>
<%@include file="head.html" %>
<%
    SimpleDateFormat formater = new SimpleDateFormat("yyyy 年 MM 月 dd 日 HH 时 mm 分 ss 秒 ");
    String strCurrentTime = formater.format(new Date());
%>
<center> 你好，苏州托普信息职业技术学院！现在是：<%= strCurrentTime%>
</center>
```

```
</body>
</html>
```

例 3-2 与例 3-3 的运行结果如图 3-5 所示。

◆ 图 3-5   例 3-2 与例 3-3 的运行结果

3.2.3   taglib 指令

在 JSP 中,可以使用 taglib 指令声明并引入标签库。Java API 允许在页面中自定义标签,标签库就是自定义标签的集合。taglib 指令的语法格式如下:

```
<%@ taglib url="taglib url" prefix="tagPre" %>
```

其中,url 指定自定义标签库的存放位置,prefix 指定标签库的前缀。为了区分不同的标签库,在页面中使用的标签库以对应的 prefix 开头。taglib 指令声明此 JSP 文件使用了自定义的标签,同时引用标签库,也指定了标签库的前缀。这里自定义的标签有标签和元素之分。因为 JSP 文件能够转化成 XML,所以了解标签和元素之间的联系是很重要的。

3.3   JSP 脚本元素

在 JSP 页面中,脚本元素可以方便、灵活地生成页面中的动态内容,JSP 脚本元素的使用最为频繁,可以将 Java 代码嵌入到 JSP 页面里,这些 Java 编写的脚本元素会出现在被容器编译成的 Servlet 文件中。编写脚本元素和编写 Java 程序大致相同,JSP 脚本可以包含任意数量的 Java 语句、变量、方法和表达式。

3.3.1   小脚本

JSP 小脚本称为 Scriptlet,又叫 Java 程序片段,它可以将包含的内容插入到 Servlet 的 service() 方法中。其语法格式如下:

```
<% 任意 Java 代码 %>
```

不同脚本片段中的数据可以共享,单个脚本片段的语句可以是不完整的,但是在一个 JSP 页面中所有脚本片段整合起来必须是完整的。

【例 3-4】在 JSP 页面中显示 100 以内数的累计和,具体代码 (3-4.jsp) 如下:

```
<body>
 <% int sum=0;
    for(int i=1;i<100;i++)
    {sum=sum+i;}
 %>
 <% out.println("1-100 以内数的累计和："); %>
 <% out.println("sum="+sum); %>
</body>
```

例 3-4 的运行结果如图 3-6 所示。

◆ 图 3-6　例 3-4 的运行结果

3.3.2　表达式

JSP 表达式可以把变量或者表达式 (或方法) 的返回值输出到 JSP 页面相应的位置上，不需要 out.print() 就能输出数据。JSP 表达式通常用于输出变量和方法的值。其语法格式如下：

　　<%= 表达式 %>

注意：(1) % 与 = 之间不能有空格。

(2) 在 <%= 和 %> 之间不可插入语句，表达式后面没有 "；"。

(3) 表达式必须能求值。

【例 3-5】对例 3-4 的代码进行修改，在 JSP 页面中显示 100 以内数的累计和，具体代码 (3-5.jsp) 如下：

```
<body>
 <% int sum=0;
    for(int i=1;i<100;i++)
    {sum=sum+i;}
 %>
 <% out.println("1-100 以内数的累计和："); %>
 <%=sum%>
</body>
```

例 3-5 的运行结果如图 3-7 所示。

1-100以内数的累计和：4950

◆ 图 3-7　例 3-5 的运行结果

3.3.3　声明

JSP 声明语句用于声明一个或多个变量和方法，以供后面的 Java 代码使用，作用范围是整个 JSP 页面。其语法格式如下：

<%！声明变量或方法 %>

注意：必须先对变量和方法进行声明，才能使用它们。

【例 3-6】在 JSP 页面显示该网页的访问次数，具体代码 (3-6.jsp) 如下：

```
<body>
  <%!
  int num=0;
  void add(){
  num++;
  }
  %>
  <% add(); %>
    <h1 align="center"> 你是第 <%=num%> 位访问该页的游客！ </h1>
</body>
```

例 3-6 的运行结果如图 3-8 所示。

你是第1位访问该页的游客！

◆ 图 3-8　例 3-6 的运行结果

3.4　JSP 程序中的注释

注释是对程序代码的解释和说明，可以提高代码的可读性，让他人能够更加轻松地了解代码，从而提高团队合作开发的效率。JSP 程序包含 HTML 注释、JSP 注释、脚本元素中的注释。

1. HTML 注释

由于 JSP 文件中可以包含 HTML 标记，所以 HTML 中的注释同样可以在 JSP 文件中使用。HTML 注释的内容不会在客户端浏览器中显示，但可以通过 HTML 源代码看到这些注释内容。其语法格式如下：

```
<! -- 注释内容 -->
```

2. JSP 注释

JSP 注释又称隐藏注释，注释的内容不会显示在客户端的任何位置 (包括 HTML 源代码)，安全性较高。其语法格式如下：

```
<%-- 注释内容 --%>
```

3. 脚本元素中的注释

脚本元素中包含的是一段 Java 代码，所以 Java 中的注释在脚本元素中同样是可以使用的。其语法格式如下：

```
// 单行注释
/* 多行注释 */
/** 文档注释 */
```

【例 3-7】在例 3-4 中添加一些注释，具体代码 (3-7.jsp) 如下：

```
<!-- 例 3-7，输出 100 以内数的累计和，客户端能看到 -->
<%-- 例 3-7，输出 100 以内数的累计和，客户端不能看到 --%>
<%@ page language="java" import="java.util.*" pageEncoding="utf-8"%>
<html>
 <body><br>
<% int sum=0;      // 定义一个求和变量 sum，并赋值为 0
 /* 定义这个数的变量为 i，遍历 i，求和变量 sum 依次累加 */
 for(int i=1;i<100;i++)
    {sum=sum+i;}
 %>
 <% out.println("1-100 以内数的累计和："); %>
 <% out.println("sum="+sum); %>
```

```
    </body>
</html>
```

例 3-7 的运行结果如图 3-9 所示。

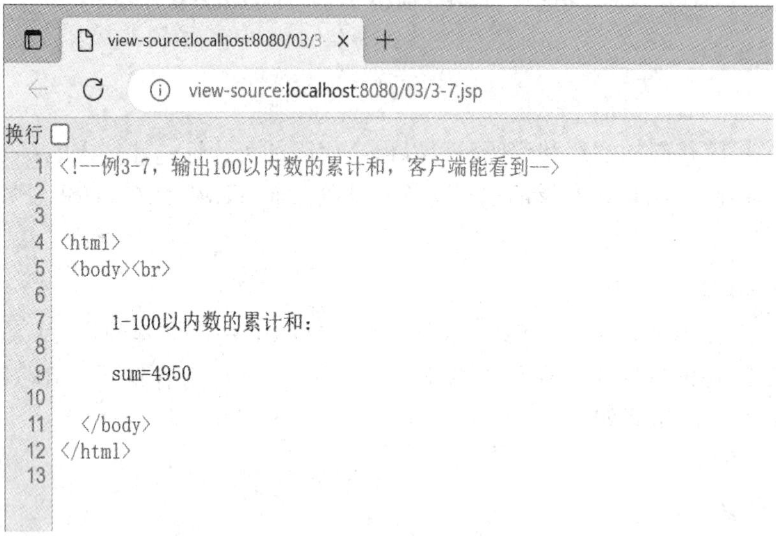

◆ 图 3-9　例 3-7 的运行结果

3.5　实战案例

【实战案例 3-1】创建一个 JSP 页面 circle.jsp，在"<%!"和"%>"之间定义 multi(int x, int y) 和 div(int x,int y) 两个方法，同时定义一个 Circle 类，在程序片中使用该类创建对象，计算圆的面积，具体代码如下：

```
<%@ page language="java" import="java.util.*" pageEncoding="utf-8"%>
<html>
  <body>
  <p style= "font-family: 宋体 ;font - size:36;color:blue">
<%! double multi(double x, double y){              // 定义方法
      return x*y;
      }
    double div(double x, double y) {               // 定义方法
      return x/y;
      }
    class Circle{                                  // 定义类
      double r;
      double getArea(){
```

```
            return 3.1415926 * r * r;
        }
    }
%>
<% double x=8.79;
    double y=20.8;
    out.print(" 调用 multi 方法计算 "+x+" 与 "+y+" 的积 :<br>");
    out.print(multi(x,y));
    out.print("<br> 调用 div 方法计算 "+y+" 除以 "+x+" 的商 ,<br>");
    String s=String.format(" 小数点保留 3 位：%10.3f",div(y,x));
    out.println(s);
    Circle circle=new Circle();                    // 创建 Circle 对象
    circle.r=3.6;
    out.print("<br> 半径是 "+circle.r+" 的圆面积 :"+circle.getArea());
%>
</p>
  </body>
</html>
```

【实战案例 3-2】编写一个 JSP 页面 flower.jsp，输出 1000 以内的水仙花数。水仙花数是自幂数，指一个 n 位数，它的每个位上的数字的 n 次幂之和等于它本身。例如，n 为 3 时，有 $1^3 + 5^3 + 3^3 = 153$，153 即是 n 为 3 时的一个自幂数。具体代码如下：

```
<%@ page language="java" import="java.util.*" pageEncoding="utf-8"%>
<html>
  <body>
  <%
    int count = 0;
    for (int i = 100; i < 1000; i++) {
      int a = i % 10;
      int b = (i / 10) % 10;
      int c = i / 100;
      if (a * a * a+ b * b * b + c * c * c == i) {
          out.println(i + " 为水仙花数 "+"<br>");
          count++;
        }
    }
    out.println(" 水仙花的个数是: " + count);
%>
  </body>
</html>
```

小　结

　　本章主要介绍了 JSP 页面构成、JSP 指令元素、JSP 脚本元素以及 JSP 程序中的注释。通过本章的学习，读者可以了解 JSP 页面构成的主要元素，掌握 JSP 的基本语法，能够熟练掌握 JSP 常用指令以及脚本元素的使用，并学会选择合适的注释方式对程序代码进行解释和说明，提高代码的可读性。结合案例操作，深化对 JSP 运行原理的理解。

习　题

一、简答题

1. 简述 JSP 页面的构成元素。
2. 简述 JSP 页面中脚本元素及它们的基本语法格式。
3. JSP 页面中包含哪几种注释内容？

二、上机实践

1. 试编写一个 JSP 页面 cfb.jsp，输出九九乘法表。
2. 试编写一个 JSP 页面 sshu.jsp，输出 100 以内的素数，并适当添加注释内容。

习题答案

第 4 章　JSP 内置对象

学习目标

- 了解 JSP 的 9 个内置对象。
- 熟悉 JSP 内置对象的基本语法格式。
- 掌握 JSP 内置对象常用方法的使用。
- 掌握 JSP 中 Cookie 对象的使用。
- 熟悉 JSP 动作元素的使用。

思政目标

- 学会用正确的立场、观点和方法分析问题，把学习、观察、实践同思考紧密结合起来。
- 善于把握历史和时代的发展方向，把握社会的主流和支流、现象和本质。
- 提升缜密思维、辩证思维、系统思维和创新思维能力。

4.1　JSP 内置对象简介

为了简化页面的开发过程，JSP 提供了一些内置对象 (也称为隐式对象)，它们由容器实现和管理。在 JSP 页面中，这些内置对象不需要预先声明，也不需要进行实例化，可以直接在脚本和表达式中使用。 JSP 中定义了 9 个内置对象，分别是 request、response、out、session、application、pageContext、page、config 和 exception，这些内置对象在客户端和服务器端交互的过程中分别完成不同的功能。

表 4-1 罗列了 JSP 的 9 大内置对象。

表 4-1   JSP 的 9 个内置对象

对　象	类　型	说　明
request	javax.servlet.http.HttpServletRequest	获取用户请求信息
response	javax.servlet.http.HttpServletResponse	响应客户端请求，并将处理信息返回到客户端
out	javax.servlet.jsp.JspWriter	输出内容
session	javax.servlet.http.HttpSession	会话，用来保存用户信息
application	javax.servlet.ServletContext	所有用户共享信息
pageContext	javax.servlet.jsp.PageContext	JSP 的页面容器，用于访问 page、request、application 和 session 的属性
page	javax.servlet.jsp.HttpJspPage	类似于 Java 类的 this 关键字，表示当前 JSP 页面
config	javax.servlet.ServletConfig	这是一个 Servlet 配置对象，用于 Servlet 和页面的初始化参数
exception	java.lang.Throwable	该对象用于处理 JSP 文件执行时发生的错误和异常，只有在 JSP 页面的 page 指令中指定 isErrorPage 的取值为 true，才可以在本页面使用 exception 对象

在之前的章节中我们学习了 HTML 标签语言与 JSP 的基础语法规则，可以设计并编写简单的 JSP 页面。进入网站内部，需要登录账号，输入用户名和密码，下面设计一个用户登录表单。

【例 4-1】设计用户登录表单，具体代码 (4-1.jsp) 如下：

```jsp
<%@ page language="java" contentType="text/html;charset=utf-8"%>
<html>
<body>
    <form id="form" name="form" method="post" action="4-1-2.jsp">
    <center><p>用户名：<input type="text" name="user"
        maxlength="12"/></p></center>
    <center><p>密    码：<input type="password" name="pwd"
        maxlength="8"/></p>
    </center>
    <center><p>     
    <input type="submit" name="button" value=" 提交 "/>  
    <input type="reset" name="button" value=" 取消 "/></p></center>
    </form>
</body>
</html>
```

例 4-1 的运行结果如图 4-1 所示。

用户名：

密　码：

提交　取消

◆ 图 4-1　例 4-1 的运行结果

注意：HTML 标签语言中，<form> 标签的属性 method 有两种表单信息发送方法，即 post 和 get。通常选择 post 方法，安全性更高 (在地址栏中看不到表单的提交内容)，没有字符长度的限制。选择 get 方法，在地址栏中能看到表单的提交内容，字符长度限制为 255。action 的属性值是提交表单信息到另一个页面名称，实现页面跳转，可暂不赋值。

4.1.1　request 对象

request 对象主要用来获取客户端提交的数据。该对象提供了一系列方法，可以获取请求参数信息、表单数据、HTTP 头信息、Cookie 和 HTTP 请求方法等。表 4-2 罗列了 request 对象的常用方法。

表 4-2　request 对象的常用方法

方　　法	说　　明
String getParameter(String name)	获取请求参数 name 的值
Enumeration getParameterNames()	获取所有参数名称
String[] getParameterValues(String name)	获取请求参数 name 的所有值
Object getAttribute(String name)	获取 name 属性的值
Enumeration getAttributeNames()	返回所有属性的名称集合
void setAttribute(String key, Object value)	给 key 对象赋 value 值
void removeAttribute(String name)	删除指定的 name 属性
cookie[] getCookies()	获取所有的 Cookie 对象
HttpSession getSession()	返回 request 对应的 session 对象，如果没有，则创建一个 session 对象
HttpSession getSession(boolean create)	返回 request 对应的 session 对象，如果没有，且 create 值为 true，则创建一个 session 对象
Enumeration getHeaderNames()	返回 HTTP 头信息的名称集合
String getHeader(String name)	获取 name 指定的 HTTP 头信息
String getMethod()	获取 HTTP 请求方法 / 客户提交信息方式

【例 4-2】使用 getParameter() 方法获取例 4-1 中用户登录表单的信息内容，具体代码 (4-2.jsp) 如下：

```
<%@ page language="java" contentType="text/html;charset=utf-8"%>
<%
```

```
        request.setCharacterEncoding("utf-8");
        String name = request.getParameter("user");
        String pwd = request.getParameter("pwd");
%>
<html>
<body>
    <table width="200" border="1" align="center">
    <tr>
        <td align="left"> 用户名: <%= name%></td>
    </tr>
    <tr>
        <td align="left"> 密    码: <%= pwd%></td>
    </tr>
    </table>
</body>
</html>
```

例 4-2 的运行结果如图 4-2 所示。

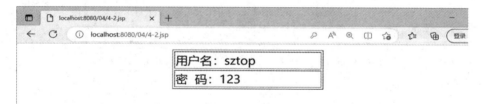

◆ 图 4-2   例 4-2 的运行结果

在例 4-2 中，通过 request 对象的 getParameter() 方法获取的表单控件对应信息是单个值。如果遇到获取多个值的情况 (如复选框)，则应当选择 request 对象的 getParameter Values() 方法。

【例 4-3】提交复选框信息，具体代码 (4-3.jsp) 如下:

```
<%@ page language="java" import="java.util.*" pageEncoding="utf-8"%>
<html>
<body>
  <form id="form" name="form" method="post" action="4-4.jsp">
      <center><p> 喜欢的运动: <input type="checkbox" name="sports" value=" 篮球 "/> 篮球
      <input type="checkbox" name="sports" value=" 足球 "/> 足球
      <input type="checkbox" name="sports" value=" 羽毛球 "/> 羽毛球
      <input type="checkbox" name="sports" value=" 乒乓球 "/> 乒乓球 </p></center>
      <center><p><input type="submit" name="button" value=" 提交 "/>
      <input type="reset" name="sports" value=" 取消 "/></p></center>
  </form>
```

```
</body>
</html>
```

例 4-3 的运行结果如图 4-3 所示。

◆ 图 4-3　例 4-3 的运行结果

【例 4-4】输出复选框信息，具体代码 (4-4.jsp) 如下：

```jsp
<%@ page language="java" import="java.util.*" pageEncoding="utf-8"%>
<%
    request.setCharacterEncoding("utf-8");
    String[] sports = request.getParameterValues("sports");
    String s = "";
    if(sports != null)
      for(int i = 0;i < sports.length;i++)
        s = s + sports[i] + " ";
%>
<html>
<body>
    <div align="center"> 喜欢的运动 :
    <table width="240" border="1" align="center">
    <tr>
        <td align="center"><%= s%></td>
    </tr>
    </table>
    </div>
</body>
</html>
```

例 4-4 的运行结果如图 4-4 所示。

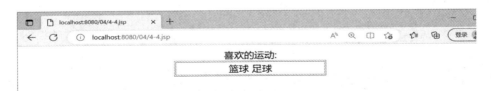

◆ 图 4-4　例 4-4 的运行结果

【例 4-5】使用 getHeaderNames() 方法获取 HTTP 头信息，并遍历输出参数名称和对应值，具体代码 (4-5.jsp) 如下：

```jsp
<%@ page language="java" contentType="text/html; charset=UTF-8" pageEncoding="UTF-8"%>
<%@ page import="java.util.*"%>
<html>
<body>
    <h2> 获取 HTTP 请求头信息 </h2>
    <table width="100%" border="1" align="center">
        <tr bgcolor="#949494">
            <th> 参数名称 </th>
            <th> 参数值 </th>
        </tr>
        <%
        Enumeration headerNames = request.getHeaderNames();
        while (headerNames.hasMoreElements()) {
            String paramName = (String) headerNames.nextElement();
            out.print("<tr><td>" + paramName + "</td>\n");
            String paramValue = request.getHeader(paramName);
            out.println("<td> " + paramValue + "</td></tr>\n");
        }
        %>
    </table>
</body>
</html>
```

例 4-5 的运行结果如图 4-5 所示。

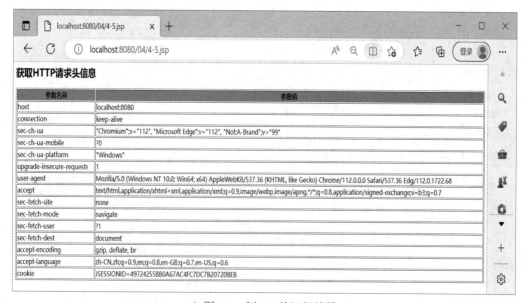

◆ 图 4-5   例 4-5 的运行结果

【例 4-6】利用 request 对象实现页面转发，具体代码 (4-6.jsp) 如下：

```
<%@ page language="java" import="java.util.*" pageEncoding="utf-8"%>
<html>
<body>
 <%
    request.setCharacterEncoding("utf-8");
    String name = request.getParameter("user");
    String pwd = request.getParameter("pwd");
    if(name.equals(" 苏州托普 ") && pwd.equals("top123"))
        request.getRequestDispatcher("4-6-1.jsp").forward(request,response);// 登录成功
    else
        request.getRequestDispatcher("4-6-2.jsp").forward(request,response);// 登录失败
%>
 </body>
</html>
```

登录成功并显示用户提交信息的页面，具体代码 (4-6-1.jsp) 如下：

```
<%@ page language="java" import="java.util.*" pageEncoding="utf-8"%>
<html>
 <body>
 <h1 align="center"><font color="blue"> 登录成功！ </font></h1>
 <center><p> your name is <%=request.getParameter("user") %></p></center>
  <center><p>your password is <%=request.getParameter("pwd") %></p></center>
 </body>
</html>
```

登录失败的页面，具体代码 (4-6-2.jsp) 如下：

```
<%@ page language="java" import="java.util.*" pageEncoding="utf-8"%>
<html>
 <body>
 <h1 align="center"><font color="red"> 登录失败！ </font></h1>
 </body>
</html>
```

在例 4-6 中，4-6.jsp 作为中间处理页面，不提供任何显示功能。先输入用户名和密码，再调用 request 对象中的 getRequestDispatcher() 方法，根据输入信息的不同，实现跳转至相应页面的效果。图 4-6 和图 4-7 分别为例 4-6 登录成功和登录失败的运行结果。

◆ 图 4-6　登录成功页面

◆ 图 4-7　登录失败页面

4.1.2　response 对象

　　response 对象与 request 对象相对应，主要用于响应客户端请求，将处理信息返回到客户端。表 4-3 罗列了 response 对象的常用方法。

表 4-3　response 对象的常用方法

方　　法	说　　明
void addHeader(String name, String value)	添加头信息 (参数名称和对应值)
void addCookie(Cookie cookie)	添加 Cookie 信息
void sendRedirect(String location)	实现页面重定向
void setStatus(int sc)	实现页面的响应状态代码
void setContentType(String type)	设置页面的 MIME 类型和字符集
void setCharacterEncoding(String charset)	设定页面响应的编码类型

【例 4-7】使用 response 对象实现页面重定向，具体代码 (4-7.jsp) 如下：

```
<%@ page language="java" import="java.util.*" pageEncoding="utf-8"%>
<%
    request.setCharacterEncoding("utf-8");
    String name = request.getParameter("user");
    String pwd = request.getParameter("pwd");
    if(name.equals(" 苏州托普 ") && pwd.equals("top123"))
        response.sendRedirect("4-6-1.jsp");
    else
        response.sendRedirect("4-6-2.jsp");
%>
```

例 4-7 的运行结果如图 4-6 和图 4-7 所示。

知识拓展

　　转发 (forward) 和重定向 (redirect) 的区别在于转发方式不同。forward 的转发方式是直接转发，而 redirect 为间接转发。

　　直接转发方式：客户端和浏览器只发出一次请求，Servlet、HTML、JSP 或其他信息资源由第二个信息资源响应该请求，在请求对象 request 中，保存的对象对于每个信息资源是共享的。

　　间接转发方式：实际是两次请求，服务器端在响应第一次请求的时候，让浏览器再向另外一个 URL 发出请求，从而达到转发的目的。

　　在 Web 项目开发中，可以通过 response 对象设置 HTTP 的头信息，实现访问页面的自动刷新效果。

【例 4-8】页面显示实时系统时间，具体代码 (4-8.jsp) 如下：

```jsp
<%@ page language="java" import="java.util.*" pageEncoding="utf-8"%>
<html>
 <body>
  <%
     response.setHeader("refresh","1");
     out.println(new Date().toLocaleString());
  %>
 </body>
</html>
```

例 4-8 的运行结果如图 4-8 所示。

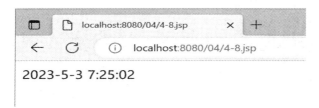

◆ 图 4-8　例 4-8 的运行结果

【例 4-9】对例 4-8 进行修改，页面时间间隔 5 秒跳转到百度网址，具体代码 (4-9.jsp) 如下：

```jsp
<%@ page language="java" import="java.util.*" pageEncoding="utf-8"%>
<html>
 <body>
  <%
     response.setHeader("refresh","5;URL=https://www.baidu.com");
     out.println(new Date().toLocaleString());
  %>
 </body>
</html>
```

例 4-9 的运行结果如图 4-9 所示。

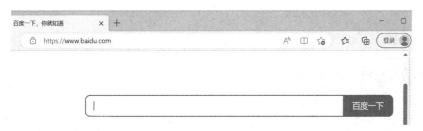

◆ 图 4-9　例 4-9 的运行结果

response 的字符流默认使用 ISO-8859-1 编码，可以使用 response.setCharacterEncoding ("utf-8") 来设置编码；浏览器在没有得到 Content-Type 表头时，会使用 GBK 来解读字符串，当设置了 Content-Type 时，会使用指定编码来解读字符串。

【例 4-10】将当前页面转换为 word 文档，具体代码 (4-10.jsp) 如下：

```
<%@ page language="java" import="java.util.*" pageEncoding="utf-8"%>
<html>
 <body>
  <p> 将当前页面保存为 word 文档吗？
<form action="" method="get">
   <input type="submit" value="yes" name="submit">
</form>
<%
String str=request.getParameter("submit");
if(str==null)     {str="";}
if(str.equals("yes")){
   response. setContentType("application/ms-word;charset=GB2312");
}
%>
  </body>
</html>
```

例 4-10 的运行结果如图 4-10 所示。

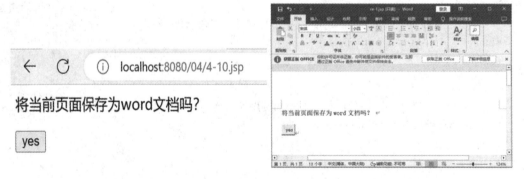

◆ 图 4-10   例 4-10 的运行结果

【例 4-11】将当前页面转换为 excel 文档，具体代码 (4-11.jsp) 如下：

```
<%@ page language="java" import="java.util.*" pageEncoding="utf-8"%>
<html>
 <body>
  <p> 将当前页面保存为 excel 文档吗？
<form action="" method="get">
   <input type="submit" value="yes" name="submit">
</form>
```

```
<%
String str=request.getParameter("submit");
if(str==null)    {str="";}
if(str.equals("yes")){
  response. setContentType("application/vnd.ms-excel;charset=GB2312");
}
%>
  </body>
</html>
```

例 4-11 的运行结果如图 4-11 所示。

◆ 图 4-11　例 4-11 的运行结果

4.1.3　out 对象

out 对象包含了很多 IO 流中的方法和特性，常用来输出内容到客户端，是 JSP 开发过程中使用最频繁的对象。表 4-4 罗列了 out 对象的常用方法。

表 4-4　out 对象的常用方法

方　　　法	说　　　明
void print()	将所有类型的数据转换为字符串，包括 null 值，并输出
void println()	类似于 print() 方法，唯一区别是 println() 方法添加了换行符
void write()	将所有类型数据转换为字符、字符数组、字符串，并输出
void newLine()	输出换行字符
void clear()	清除页面缓冲区
void flush()	清空流
boolean isAutoFlush()	检查页面是否自动清除缓冲区
void close()	关闭输出流
int getBufferSize()	返回缓冲区字节数的大小
int getRemaining()	返回缓冲区剩余的可用字节数

out 对象常用方法中，println() 方法用于分行显示各种类型的数据，相当于 print() 加上 newLine()，与 <%= %> 等价。

【例 4-12】out 对象应用实例，具体代码 (4-12.jsp) 如下：

```jsp
<%@ page language="java" import="java.util.*" pageEncoding="utf-8"%>
<html>
 <body>
  <%
   out.println("out 对象应用实例：<br><hr>");
   out.println("<br> 输出布尔型数据："+true);
   out.println("<br> 输出字符型数据："+'I');
   out.println("<br> 输出单精度数据："+36.8f);
   out.println("<br> 输出长整型数据："+123456789123456789L);
   out.println("<br> 输出对象："+new java.util.Date());
   out.println("<br> 缓冲区大小："+out.getBufferSize());
   out.println("<br> 缓冲区剩余大小："+out.getRemaining());
   out.println("<br> 是否自动刷新："+out.isAutoFlush());
   out.flush();
   out.println("<br> 调用 out.flush()");
   out.close();
   out.println(5.66d); // 关闭后，不再输出数据
  %>
 </body>
</html>
```

例 4-12 的运行结果如图 4-12 所示。

◆ 图 4-12　例 4-12 的运行结果

【例 4-13】使用 out 对象显示当前系统时间，具体代码 (4-13.jsp) 如下：

```jsp
<%@ page language="java" import="java.util.*" pageEncoding="utf-8"%>
<html>
 <body>
  <%
   Date Now = new Date();
```

```
    String hours = String.valueOf(Now.getHours());
    String mins = String.valueOf(Now.getMinutes());
    String secs = String.valueOf(Now.getSeconds());
%>
现在是
<% out.print(String.valueOf(Now.getHours())); %> 小时
<% out.print(String.valueOf(Now.getMinutes())); %> 分
<% out.print(String.valueOf(Now.getSeconds())); %> 秒
</body>
</html>
```

例 4-13 的运行结果如图 4-13 所示。

localhost:8080/04/4-13.jsp

现在是 8小时 11分 36秒

◆ 图 4-13　例 4-13 的运行结果

4.1.4　session 对象

session 对象主要用来访问用户数据，记录客户的连接信息。每次用户向服务器发出请求，且服务器接收请求并返回响应后，该连接就被关闭了，服务器端与客户端的连接被断开。此时，服务器端不保留连接的有关信息，要想记住客户的连接信息，就用到了 session 对象。表 4-5 罗列了 session 对象的常用方法。

表 4-5　session 对象的常用方法

方　　法	说　　明
void setAttribute(String name，Object value)	将参数名和参数值存放在 session 对象中
Object getAttribute(String name)	通过 name 返回获取相应的 value 值，如果 name 没有相应的 value 值，则返回 null
void removeAttribute(String name)	删除指定的 name 参数
Enumeration getAttributeNames()	获取 session 对象中存储的所有参数
long getCreationTime()	返回 session 对象创建的时间
String getId()	获取 session 对象的 ID 值
boolean isNew()	用于检查 session 对象是不是新对象，如果客户端禁用了 Cookie，则 session.isNew() 始终返回 true
void invalidate()	终止 session，即指定 session 对象失效
void setMaxInactiveInterval()	设置 session 对象的有效时间，单位为秒
int getMaxInactiveInterval()	获取 session 对象的有效时间，单位为秒
long getLastAccessedTime()	获取上次访问 session 对象的时间

【例 4-14】使用 session 对象获取页面的访问次数，具体代码 (4-14.jsp) 如下：

```
<%@ page language="java" contentType="text/html; charset=UTF-8" pageEncoding="UTF-8"%>
<html>
<body>
<%
  int number=1000;
  Object obj=session.getAttribute("number");                // 从 session 对象中获取 number
  if(obj==null){
    session.setAttribute("number",String.valueOf(number));  // 设置 session 对象的变量值，其中
String.valueOf(number) 是将 number 转化成 String 字符串类型
  }else{
    number=Integer.parseInt(obj.toString());                // 取得 session 对象中的 number 变量，
其中 Integer.parseInt() 是把 () 里的内容转换成整数，obj.toString() 是将 obj 对象转化为一个字符串
并返回结果
    number+=1;                                              // 统计页面访问次数
    session.setAttribute("number",String.valueOf(number));  // 设定 session 对象的 number 变量值
  }
%>
你是第 <%=number %> 个用户访问本网站
</body>
</html>
```

例 4-14 的运行结果如图 4-14 所示。

◆ 图 4-14　例 4-14 的运行结果

4.1.5　application 对象

当 Web 服务器启动时，Web 服务器会自动创建一个 application 对象。application 对象一旦创建，将一直存在，直到 Web 服务器关闭。访问同一个网站的客户共享一个 application 对象，因此，application 对象可以实现多客户间的数据共享。访问不同网站的客户，对应的 application 对象不同。表 4-6 罗列了 application 对象的常用方法。

表 4-6　application 对象的常用方法

方　　法	说　　明
Object getAttribute(String attributeName)	获取 attributeName(属性名称) 对应的 object
void setAttribute(String attributeName, Object object)	设置 attributeName 对应的属性值
Enumeration getAttributeNames()	返回 application 对象中所有的 attributeName
void removeAttribute(String objectName)	删除 application 对象中指定 attributeName 的属性
String getServerInfo()	获取当前 Servlet 的版本信息
String getRealPath(String value)	获取指定文件的实际路径

【例 4-15】使用 application 对象获取页面的访问次数。页面访问次数 number 从 1000 开始，选择刷新页面、新建窗口、重新打开浏览器等操作，number 的值累加 1。若重启服务器，访问次数又从 1000 开始。其具体代码 (4-15.jsp) 如下：

```jsp
<%@ page language="java" contentType="text/html; charset=UTF-8" pageEncoding="UTF-8"%>
<html>
<body>
<%
    int number=1000;
    Object obj=application.getAttribute("number");
    if(obj==null){
     application.setAttribute("number",String.valueOf(number));
    }else{
       number=Integer.parseInt(obj.toString());
       number+=1;
       application.setAttribute("number",String.valueOf(number));
    }
%>
你是第 <%=number %> 个用户访问本网站
</body>
</html>
```

例 4-15 的运行结果如图 4-15 所示。

◆ 图 4-15　例 4-15 的运行结果

4.1.6　pageContext 对象

pageContext 对象用于访问 JSP 之间的共享数据。使用 pageContext 可以访问 page、request、session、application 范围的变量。表 4-7 罗列了 pageContext 对象的常用方法。

表 4-7　pageContext 对象的常用方法

方　　　法	说　　　明
Object findAttribute (String AttributeName)	按 page、request、session、application 的顺序查找指定的属性，并返回对应的属性值。如果没有相应的属性，则返回 null
Object getAttribute (String AttributeName, int Scope)	在指定范围内获取属性值。与 findAttribute 不同的是，getAttribute 需要指定查找范围
void removeAttribute(String AttributeName, int Scope)	在指定范围内删除某属性
void setAttribute(String AttributeName, Object AttributeValue, int Scope)	在指定范围内设置属性和属性值
Exception getException()	返回当前页的 exception 对象
ServletRequest getRequest()	返回当前页的 request 对象
ServletResponse getResponse()	返回当前页的 response 对象
ServletConfig getServletConfig()	返回当前页的 ServletConfig 对象
HttpSession getSession()	返回当前页的 session 对象
Object getPage()	返回当前页的 page 对象
ServletContext getServletContext()	返回当前页的 application 对象

【例 4-16】使用 pageContext 对象获取页面的访问次数。页面访问次数 number 从 1000 开始，选择刷新页面、新建窗口、重新打开浏览器等操作，number 的值始终为 1000。其具体代码 (4-16.jsp) 如下：

```jsp
<%@ page language="java" contentType="text/html; charset=UTF-8" pageEncoding="UTF-8"%>
<html>
<body>
<%
    int number=1000;
    Object obj=pageContext.getAttribute("number");
    if(obj==null){
    pageContext.setAttribute("number",String.valueOf(number));
    }else{
      number=Integer.parseInt(obj.toString());
      number+=1;
```

```
        pageContext.setAttribute("number",String.valueOf(number));
    }
%>
```
你是第 <%=number %> 个用户访问本网站
```
</body>
```
```
</html>
```
例 4-16 的运行结果如图 4-16 所示。

◆ 图 4-16　例 4-16 的运行结果

4.1.7　page 对象

page 对象指向当前 JSP 页面本身，有点像类中的 this 指针，它是 java.long.Object 类的实例。一般该内置对象在 JSP 页面中作指令使用。表 4-8 罗列了 page 对象的常用方法。

表 4-8　page 对象的常用方法

方　　法	说　　明
class getClass()	返回当前页面所在类
int hashCode()	返回当前页面的 hash 代码
String toString()	将当前页面所在类转换成字符串
boolean equals(Object obj)	比较对象和指定的对象是否相等
void copy (Object obj)	把对象复制到指定的对象中
Object clone()	复制对象

4.1.8　config 对象

config 对象代表当前 JSP 配置信息，实质上是 ServletConfig 的一个实例，常用来获取 Servlet 的初始化参数，在 JSP 页面中很少使用。表 4-9 罗列了 config 对象的常用方法。

表 4-9　config 对象的常用方法

方　　法	说　　明
String getInitParameter(String paramname)	获取指定的初始化参数值
Enumeration getInitParameterNames()	获取当前页面所有的初始化参数值
ServletContext getServletContext()	获取当前执行 Servlet 的 servletContext(Servlet 上下文) 的值
String getServletName()	获取当前执行 Servlet 的名称

4.1.9　exception 对象

exception 对象用来处理 JSP 文件执行时发生的所有错误和异常，只有在 page 指令设置 isErrorPage 属性值为 true 的页面中才可以被使用，在一般的 JSP 页面中使用该对象将无法编译 JSP 文件。exception 对象几乎定义了所有的异常情况，在 Java 程序中，可以使用 try…catch 关键字来处理异常情况，如果在 JSP 页面中出现没有捕捉到的异常，就会生成 exception 对象，并把 exception 对象传送到在 page 指令中设定的错误页面，然后在错误页面中处理相应的 exception 对象。表 4-10 罗列了 exception 对象的常用方法。

表 4-10　exception 对象的常用方法

方　　法	说　　明
getMessage()	返回 exception 对象的异常信息字符串
getLocalizedmessage()	返回本地化的异常错误
toString()	返回关于异常错误的简单信息描述
fillInStackTrace()	重写异常错误的栈执行轨迹

isErrorPage 用于指定当前页面是否为另一个 JSP 页面的错误处理页面，默认为 false；errorPage 用于指定错误处理页面。

【例 4-17】首先编写一个产生异常的 JSP 页面，具体代码 (4-17-1.jsp) 如下：

```
<%@ page language="java" import="java.util.*" pageEncoding="utf-8" errorPage="4-17-2.jsp"%>
<html>
<body>
 <%
     System.out.println(100/0);              // 出现异常
 %>
 </body>
</html>
```

此页面在执行时会发生除数为 0 的错误，出现异常，后续的代码也会停止执行。随后运行页面跳转至 4-17-2.jsp，具体代码如下：

```
<%@ page language="java" pageEncoding="utf-8" isErrorPage="true"%>
<html>
<body>
    <h1>exception 内置对象 </h1>
    <hr>
    异常消息是：<%=exception.getMessage() %><br>
    异常的字符串描述：<%=exception.toString() %><br>
</body>
</html>
```

4-17-2.jsp 是错误处理页面，此页面使用 exception 对象获取错误信息，通过 getMessage()、toString() 等方法返回异常消息字符串。

例 4-17 的运行结果如图 4-17 所示。

◆ 图 4-17　例 4-17 的运行结果

4.2　Cookie 对象

　　Cookie 是一种会话跟踪机制，不是 JSP 的内置对象，需要显示创建。JSP 可以将用户登录的用户名、密码、登录时间等信息保存在客户端的 Cookie 中。当用户再次登录此网站时，浏览器根据用户输入的网址，在本地寻找与该网址匹配的 Cookie，将该网站的 Cookie 和请求参数一起发送给服务器作处理，实现各种各样的个性化服务。表 4-11 罗列了 Cookie 对象的常用方法。

表 4-11　Cookie 对象的常用方法

方　　　法	说　　　明
void setName (String name)	设置 Cookie 的名字
String getName()	返回 Cookie 的名字
void setValue(String value)	设置 Cookie 的值
String getValue()	返回 Cookie 的值
void setDomain(String domain)	设置 Cookie 中适用的域名
String getDomain(String domain)	获取 Cookie 中适用的域名
void setMaxAge(int second)	设置 Cookie 的存活周期
int getMaxAge(int second)	获取 Cookie 在失效以前的最大时间，以秒计算
void setPath(String path)	设置能够读取 Cookie 的路径
String getPath(String path)	返回 Cookie 的适用路径
void setComment(String msg)	设置 Cookie 的注释
void setSecure(boolean flag)	设置浏览器是否需要使用安全协议才能读取该 Cookie

【例 4-18】利用 Cookie 对象保存用户信息并输出请求参数，具体代码 (4-18-1.jsp) 如下：

```
<%@ page language="java" import="java.net.*,java.text.*,java.util.*" contentType="text/html;
charset=utf-8"%>
<html>
<body>
<%
    Cookie cookie = new Cookie(URLEncoder.encode(" 姓名 ", "UTF-8"),
    URLEncoder.encode(" 苏州托普 ", "UTF-8"));
     cookie.setMaxAge(60*60);      // 设定该 Cookie 在用户机硬盘上的存活期为 1 小时
    response.addCookie(cookie);
    String userIP = request.getRemoteAddr();
    cookie = new Cookie("userIP",userIP);
    cookie.setMaxAge(10*60);
    response.addCookie(cookie);
    SimpleDateFormat sdf = new SimpleDateFormat("yyyy 年 MM 月 dd 日 h:m:s");
    Date date = new Date();
    String logintime = sdf.format(date);
    cookie = new Cookie("loginTime", URLEncoder.encode(logintime,"UTF-8"));
    cookie.setMaxAge(20*60);
    response.addCookie(cookie);
%><br>
 <a href="4-18-2.jsp"> 去读取 Cookie</a>
</body>
</html>
```

运行 4-18-1.jsp 进行 Cookie 对象的读取，并跳转到信息显示页面 4-18-2.jsp，具体代码如下：

```
<%@ page language="java" import="java.net.*" contentType="text/html; chartset=utf-8"
ageEncoding="utf-8"%>
<html>
<body>
    使用 foreach 循环读取 Cookie 数组，并输出其中所有的 cookie<br>
    <%
        if(request.getCookies() != null) {
            for(Cookie cookie : request.getCookies()) {
                String name = URLDecoder.decode(cookie.getName(), "UTF-8");
                String value = URLDecoder.decode(cookie.getValue(), "UTF-8");
                out.println("<br>cookie 属性："+name+"="+value);
            }
        }
    %>
```

```
    <p> 使用 for 循环，查找某个 cookie<br>
    <%
        Cookie myCookie[] = request.getCookies();
        Cookie cookie = null;
        for(int i=0;i<myCookie.length;i++) {
            cookie = myCookie[i];
            if(cookie.getName().equals("userIP")) {
    %>
            您好，您上次登录的 IP 地址是 <%=cookie.getValue() %>!
    <%} }%>
</body>
</html>
```

例 4-18 的运行结果如图 4-18 所示。

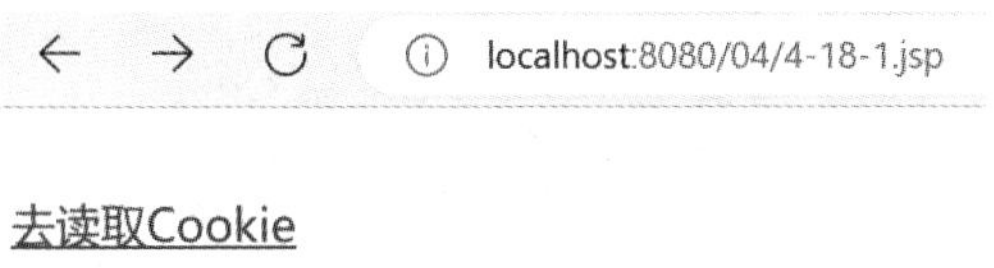
localhost:8080/04/4-18-1.jsp
去读取Cookie

(a)

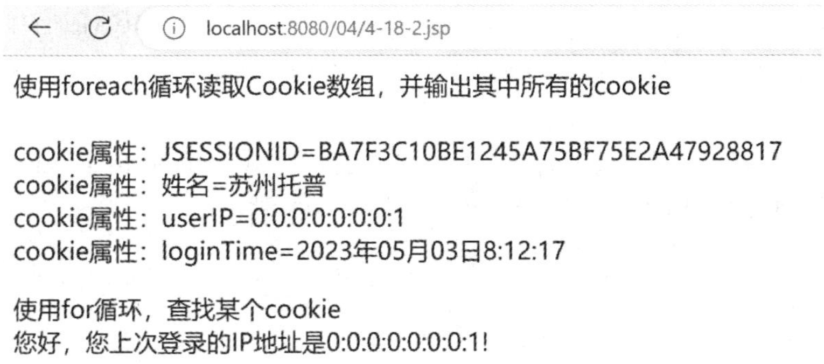
localhost:8080/04/4-18-2.jsp
使用foreach循环读取Cookie数组，并输出其中所有的cookie
cookie属性：JSESSIONID=BA7F3C10BE1245A75BF75E2A47928817
cookie属性：姓名=苏州托普
cookie属性：userIP=0:0:0:0:0:0:0:1
cookie属性：loginTime=2023年05月03日8:12:17
使用for循环，查找某个cookie
您好，您上次登录的IP地址是0:0:0:0:0:0:0:1!

(b)

◆ 图 4-18 例 4-18 的运行结果

4.3 JSP 动作元素

与 JSP 指令元素不同的是，JSP 动作元素在请求处理阶段起作用。JSP 动作元素是用 XML 语法写成的。利用 JSP 动作可以动态地插入文件、重用 JavaBean 组件、把用户重定向到另外的页面、为 Java 插件生成 HTML 代码。动作元素是在客户端请求时动态执行，多次指令元素在编译时执行，且只编译一次。

基本动作元素包括 <jsp:param>、<jsp:params>、<jsp:include>、<jsp:forward>、<jsp:fallback>。

1. <jsp:param> 动作

<jsp:param> 动作用来传递参数，一般与 <jsp:include>、<jsp:forward> 动作联合使用。如果其开始标签和结束标签之间没有内容，则语法格式简化如下：

```
<jsp:param name=" 参数名 " value=" 参数值 "/>
```

2. <jsp: params> 动作

<jsp: params> 动作用来给 Bean 或 Applet 传递参数，一般为多个参数。其语法格式如下：

```
<jsp: params>
    <jsp:param name=" 参数名 " value=" 参数值 "/>
    <jsp:param name=" 参数名 " value=" 参数值 "/>
</jsp: params>
```

3. <jsp:include> 动作

<jsp:include> 动作可以将其他文件合并到当前页面文件。如果其开始标签和结束标签之间没有内容，则语法格式简化如下：

```
<jsp:include page=" 包含文件的 URL 地址 " flush="true/false" />
```

其中，page 属性用来指定包含文件的 URL 地址；flush 属性用来指定当缓冲区满时，是否进行清空，一般设为 true。如果包含文件为静态文件，那么仅单纯地加到 JSP 页面中，不会进行任何处理；如果包含文件为动态文件，那么会先进行处理，再将处理的结果加到 JSP 页面中。

【例 4-19】在页面中嵌入 3-1.jsp 页面，其中无参数，具体代码 (4-19.jsp) 如下：

```
<%@ page language="java" contentType="text/html;charset=utf-8"%>
<html>
<head>
    <title>jsp:include 动作不带参数 </title>
</head>
<body>
<jsp:include page="3-1.jsp" flush="true"/>
</body>
</html>
```

例 4-19 的运行结果如图 4-19 所示。

◆ 图 4-19　例 4-19 的运行结果

【例 4-20】在页面中嵌入 4-2.jsp 页面，其中带有参数，具体代码 (4-20.jsp) 如下：

```
<%@ page language="java" contentType="text/html;charset=utf-8"%>
<html>
<head>
    <title>jsp:include 动作带参数 </title>
</head>
<body>
    <%
        request.setCharacterEncoding("utf-8");
    %>
    <jsp:include page="4-2.jsp" flush="true">
    <jsp:param value=" 苏州托普 " name="user"/>
    <jsp:param value="top123" name="pwd"/>
    </jsp:include>
</body>
</html>
```

例 4-20 的运行结果如图 4-20 所示。

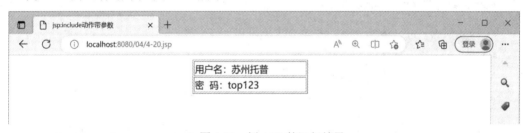

◆ 图 4-20　例 4-20 的运行结果

4. <jsp:forward> 动作

<jsp:forward> 动作用来转移用户的请求，使用户请求的页面跳转到另一个页面。这种跳转为服务器端跳转，所以用户的地址栏不会发生任何变化。如果其开始标签和结束标签之间没有内容，则语法格式简化如下：

```
<jsp:forward page=" 跳转文件 URL 地址 "/>
```

【例 4-21】用 <jsp:forward> 动作改写 4-6.jsp 的页面内容，运行该页面达到与例 4-6 相似的效果。<jsp:forward> 动作实现页面跳转后，没有建立新的链接，网址也没有改变。具体代码 (4-21.jsp) 如下：

```
<%-- jsp:forward 动作 --%>
<%@ page language="java" contentType="text/html;charset=utf-8"%>
<html>
<body>
<%
    request.setCharacterEncoding("utf-8");
```

```
String name = request.getParameter("user");
String pwd = request.getParameter("pwd");
if(name.equals(" 苏州托普 ") && pwd.equals("top123")){
%>
        <jsp:forward page="4-6-1.jsp"/><%-- 登录成功 --%>
<%  }
    else{
%>
        <jsp:forward page="4-6-2.jsp"/><%-- 登录失败 --%>
<%  }
%>
</body>
</html>
```

5. <jsp: fallback> 动作

<jsp: fallback> 动作用来指定当浏览器不支持或无法启动 Bean 或 Applet 时，在页面上输出错误提示信息。其语法格式如下：

    <jsp:fallback> 错误信息 </jsp:fallback>

4.4　实战案例

【实战案例 4-1】 创建一个 JSP 页面 input.jsp，该页面提供一个表单，用户可以通过表单输入两个数和四则运算符号提供给该页面。用户提交表单后，JSP 页面 input.jsp 将计算任务交给另一个 JSP 页面 result.jsp 去完成。

input.jsp 的具体代码如下：

```
<%@ page contentType="text/html;charset=utf-8" %>
<html>
<body>
<form action="result.jsp" name="result.jsp" method=post name=form>
输入运算数，选择运算符号: <br>
    <input type=text name="numberOne"size=6 >
    <select name="operator">
    <option value="+"> 加
    <option value="-"> 减
    <option value="*"> 乘
    <option value="/"> 除
    </select>
```

```
<input type=text name="numberTwo"size=6 ><br>
<input type="submit"value=" 提交 "name="submit">
</form>
</body>
</html>
```

result.jsp 的具体代码如下：

```
<%@ page contentType="text/html;charset=utf-8 " %>
<html>
<body>
<%
String numberOne=request.getParameter("numberOne");
String numberTwo=request.getParameter("numberTwo");
String operator=request.getParameter("operator");
if(numberOne==null){numberOne="0";}
if(numberTwo==null){numberTwo="0";}
try{
  double a=Double.parseDouble(numberOne);
  double b=Double.parseDouble(numberTwo);
  double r=0;
  if(operator.equals("+")){r=a+b;}
    else if(operator.equals("-")){r=a-b;}
    else if(operator.equals("*")){r=a*b;}
    else if(operator.equals("/")){r=a/b;}
    out.println(a+operator+b+"="+r);
  }catch(Exception e){out.println(" 请正确输入字符 ");
  }
%>
</body>
</html>
```

【实战案例 4-2 】创建一个 JSP 页面 zce1.jsp，完成个人注册信息表的页面填写内容；zce2.jsp 用于完成对应 zce1.jsp 页面的信息获取。

zce1.jsp 的具体代码如下：

```
<%@ page language="java" import="java.util.*" pageEncoding="utf-8"%>
<%
String path = request.getContextPath();
String basePath = request.getScheme()+"://"+request.getServerName()+":"+request.getServerPort()+path+"/";
%>
<!DOCTYPE HTML PUBLIC "-//W3C//DTD HTML 4.01 Transitional//EN">
```

```html
<html>
  <body>
  <h2> 个人注册信息表 </h2>
    <form name="form" method="post" action="zce2.jsp">
    <p> 照片：<input type="file" name="photo" ></p>
    <p> 姓名：<input type="text" name="name" maxlength="12"></p>
    <p> 性别：
    <input type="radio" name="gender" value=" 男 "/> 男
    <input type="radio" name="gender" value=" 女 "/> 女 </p>
    <p> 年龄：<select name="age">
      <option value="23 以上 ">23 以上 </option>
      <option value="23">23</option>
      <option value="22">22</option>
      <option value="21">21</option>
      <option value="20">20</option>
      <option value="19">19</option>
      <option value="18">18</option>
      <option value="18 以下 ">18 以下 </option>
      </select></p>
    <p> 联系电话：<input type="text" name="tel" maxlength="12"></p>
    <p>Email：<input type="text" name="email" size="30"/></p>
    <p> 所在学院：<select name="college">
      <option value=" 交通信息工程学院 "> 交通信息工程学院 </option>
      <option value=" 运输管理工程学院 "> 运输管理工程学院 </option>
      <option value=" 车辆工程学院 "> 车辆工程学院 </option>
      <option value=" 路桥隧工程学院 "> 路桥隧工程学院 </option>
      <option value=" 轨道交通工程学院 "> 轨道交通工程学院 </option>
      <option value=" 建筑工程学院 "> 建筑工程学院 </option>
      </select></p>
    <p> 爱好：
    <input type="checkbox" name="hobby" value=" 运动 "/> 运动
    <input type="checkbox" name="hobby" value=" 旅游 "/> 旅游
    <input type="checkbox" name="hobby" value=" 画画 "/> 画画
    <input type="checkbox" name="hobby" value=" 棋牌 "/> 棋牌
    <input type="checkbox" name="hobby" value=" 音乐 "/> 音乐
  </p>
    <p> 个人介绍：
    <textarea name="despt" rows="4" cols="40"></textarea></p>
    <p>
```

       <input type="*submit*" name="*submit*" value=" 提交 "/>

  <input type="*reset*" name="*reset*" value=" 重置 "/></p>

  </form>

 </body>

 </html>

zce2.jsp 的具体代码如下：

```jsp
<%@ page language="java" import="java.util.*" pageEncoding="utf-8"%>
<html>
 <body>
<%
    request.setCharacterEncoding("utf-8");
    String photo = request.getParameter(" photo");
    String name = request.getParameter("name");
    String gender = request.getParameter("gender");
    String age = request.getParameter("age");
    String tel= request.getParameter("tel");
    String email = request.getParameter("email");
    String college = request.getParameter("college");
    String[] hobby = request.getParameterValues("hobby");
    String s = "";
    if(hobby != null)
        for(int i = 0;i < hobby.length;i++)
            s = s + hobby[i] + " ";
    String despt = request.getParameter("despt");
    out.print(" 照片： " + photo + "<br>");
    out.print(" 姓名： " + name + "<br>");
    out.print(" 性别： " + gender + "<br>");
    out.print(" 年龄： " + age + "<br>");
    out.print(" 联系电话： " + tel + "<br>");
    out.print("Email： " + email + "<br>");
    out.print(" 所在学院： " + college + "<br>");
    out.print(" 爱好： " + s + "<br>");
    out.print(" 个人介绍： " + despt);
%>
 </body>
</html>
```

实战案例 4-2 的运行结果如图 4-21 所示。

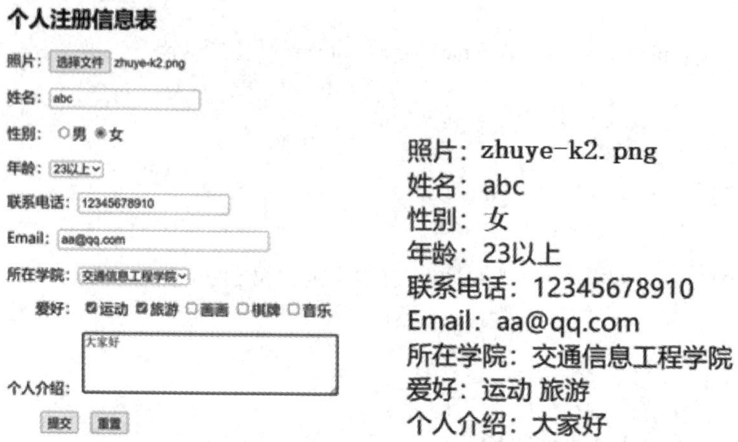

个人注册信息表

照片: [选择文件] zhuye-k2.png

姓名: [abc]

性别: ○男 ●女

年龄: [23以上 ∨]

联系电话: [12345678910]

Email: [aa@qq.com]

所在学院: [交通信息工程学院 ∨]

爱好: ☑运动 ☑旅游 □画画 □棋牌 □音乐

个人介绍: [大家好]

[提交] [重置]

照片: zhuye-k2. png
姓名: abc
性别: 女
年龄: 23以上
联系电话: 12345678910
Email: aa@qq.com
所在学院: 交通信息工程学院
爱好: 运动 旅游
个人介绍: 大家好

(a)   (b)

◆ 图 4-21　个人注册信息获取

【实战案例 4-3】创建购买汽车详情的 JSP 页面。其中，car1-1.jsp 用于描述购买汽车的基本信息，如商品、价格、是否购买；car1-2.jsp 用于描述根据上级 JSP 页面选择需要购买的汽车信息并加入购物车，提交至此详情界面，此页面包含多次购入商品的基本信息与总价计算，可选择清空购物车或继续购买。

car1-1.jsp 的具体代码如下：

```jsp
<%@ page language="java" contentType="text/html;charset=GBK"%>
<html>
<body>
    <form name="form" method="post" action="car1-2.jsp">
    <table width = "482" height = "132" border = "1"  align="center">
        <tr>
            <td width = "120" align = "center"> 商品 </td>
            <td width = "120" align = "center"> 价格 </td>
            <td width = "120" align = "center"> 是否购买 </td>
        </tr>
        <tr>
            <td width = "120"><div align = "center"> 奔驰 </div></td>
            <td width = "120"><div align = "center">2000000</div></td>
            <td width = "120"><div align = "center"><input type="checkbox" name="motor" value="Benz,2000000"/></div></td>
        </tr>
        <tr>
            <td width = "120"><div align = "center"> 玛莎拉蒂 </div></td>
```

```
          <td width = "120"><div align = "center">5000000</div></td>
          <td width = "120"><div align = "center"><input type="checkbox" name="motor" value=
"Maserati,5000000"/></div></td>
      </tr>
      <tr>
          <td width = "120"><div align = "center"> 比亚迪 </div></td>
          <td width = "120"><div align = "center">100000</div></td>
          <td width = "120"><div align = "center"><input type="checkbox" name="motor" value=
"BYD,100000"/></div></td>
      </tr>
      <tr>
          <td colspan=3><center><input type="submit" name="submit" value=" 提交 "/>
            <input type="reset" name="reset" value=" 重置 "/></center></td>
      </tr>
    </table>
    </form>
  </body>
</html>
```

car1-2.jsp 的具体代码如下：

```
<%@ page language="java" contentType="text/html;charset=GBK" import="java.util.*"%>
<html>
<body>
  <p>
    <%
        String clear = request.getParameter("clear");
        if(clear != null){
            session.setAttribute("thing",null);
            out.print(" 无选购的商品！ ");
        }else{
            String s = "";
            String[] goods = request.getParameterValues("motor");// 新购商品
            if(goods != null)
            for(int i = 0;i < goods.length;i++)
                s = s + goods[i] + ",";
            String purchased = (String)session.getAttribute("thing");// 已购商品
            if(purchased == null)
                purchased = s;
            else
```

```
            purchased = purchased + s;
        session.setAttribute("thing",purchased);
        float total = 0;// 商品总价
        purchased = new String(purchased.getBytes("ISO8859-1"));
        System.out.println(purchased);
        StringTokenizer fenxi = new StringTokenizer(purchased,",");
        while(fenxi.hasMoreTokens()){
            String str1 = fenxi.nextToken();// 商品名称
            out.print(str1 + " ");
            String str2 = fenxi.nextToken();// 商品价格
            out.print(str2 + "<br>");
            total = total + Float.parseFloat(str2);
        }
        out.print(" 商品的总价格是：" + total + "<br>");
    }
%>
</p>
<table width="200" border="0">
    <tr>
        <td><a href="car1-1.jsp"> 继续购买 </a></td>
        <td>
            <form name="form" method="post" action="">
                <label>
                    <input type="submit" name="clear" value=" 清空购物车 ">
                </label>
            </form>
        </td>
    </tr>
</table>
</body>
</html>
```

car1-1.jsp 页面的运行结果如图 4-22 所示。car1-2.jsp 页面的运行结果如图 4-23 所示。

商品	价格	是否购买
奔驰	2000000	☐
玛莎拉蒂	5000000	☐
比亚迪	100000	☐
提交　重置		

◆ 图 4-22　商品主页

Benz 2000000
Benz 2000000
Maserati 5000000
BYD 100000
商品的总价格是：9100000.0

继续购买　　清空购物车

◆ 图 4-23　购物详情

小　　结

本章主要介绍了 JSP 的 9 个内置对象，即 request、response、out、session、application、pageContext、page、config、exception，以及它们的常用方法的应用。通过本章的学习，读者可以基本了解 JSP 的 9 个内置对象，熟悉并掌握各对象的语法格式与常用方法，学会使用 Cookie 对象进行会话信息保存以及常用的 JSP 动作元素。在动态网页开发中，学会 JSP 开发相当重要，读者应当熟练掌握本章内容。

习　　题

一、简答题

1. JSP 中有哪几个内置对象？简述这些内置对象的常用方法。
2. 简述实现页面跳转的 forward 方法与重定向 redirect 方法的区别。

二、上机实践

编写一个 JSP 页面 pc.jsp，要求首先使用 pageContext 获取 request 对象，并设置 page 范围内的属性，然后使用获取的 request 对象设置 request 范围内的属性，接着使用 pageContext 对象获取 page 和 request 范围内的相应属性，最后使用 JSP 表达式输出数据。

习题答案

第 5 章 JavaBean 及其应用

- 掌握 JavaBean 技术及其作用域。
- 学会 JavaBean 应用及测试 JavaBean 的作用域。
- 学会用 JavaBean 完成实例。

思政目标

- 以培养"三有"青年为任务，提高青年使命感与责任感，强化青年自身教育能力和社会实践能力。
- 培养自主学习能力，提高团队合作精神。

5.1 JavaBean 技术

1. JavaBean 的基本概念

JavaBean 是一个 Java 组件模型，为 Java 类提供了一种标准格式，在 JSP 的开发中可以使用 JavaBean 减少重复代码，使整个 JSP 代码的开发更简洁。JavaBean 实际上是一些类，这些类遵循一个接口格式，方便开发者的使用，相当于把类看作标准的 Java 组件进行构造和应用。

JavaBean 一般分为可视化组件和非可视化组件两种。可视化组件可以是简单的 GUI 元素，也可以是复杂的元素，如报表组件；非可视化组件没有 GUI 表现形式，用于封装业务逻辑、数据库操作等。

需要区别的是，虽然 Java 本身就有重用的功能，但是和 JavaBean 有不同的地方。Java 没有管理可重用对象相互作用的规则和标准，用户必须具备良好的编程知识才可以直接对 Java 重用代码进行操作，但是对于 JavaBean，用户可以在应用程序构造器工具中使用各种 JavaBean 组件而无须编写代码。JavaBean 可以同时使用多种组件而不考虑它们初始化情况。这种功能是 JavaBean 在组件技术上对 Java 语言的扩展。

2. JavaBean 的特点

JavaBean 具有以下特点：

(1) 容易编写，可重复使用，使用方便。一次编译通过，可在系统内、网内、网间任意传输并运行。

(2) 具有一致性特征。

(3) 具有自我检查特征。

(4) 具有设置组件属性的特征。

3. JavaBean 的分类

JavaBean 按功能可分为"可视化的 JavaBean"和"非可视化的 JavaBean"两大类。

(1) 可视化的 JavaBean 是可以在图形界面中显示出来的，主要用于客户端图形界面的开发。

(2) 非可视化的 JavaBean 是不能在图形界面中显示的，主要用于服务器端应用程序的开发。

5.2　JavaBean 的创建

5.2.1　JavaBean 的编写

在编写 JavaBean 之前要知道，JavaBean 是提高代码重用的一种方式。但是如何才能写出规范的 JavaBean 呢？

(1) JavaBean 类必须是一个公共类，即将其访问属性设置为 public，如 public class Student{…}，类名需要见名知义。

(2) JavaBean 类必须有一个空的构造函数，类中必须有一个无参的 public 构造方法。

(3) 成员变量使用 private 修饰，如 private int age。

(4) 属性应该由一组读写方法 (getXxx 和 setXxx) 来访问，一般以 IDE(Eclipse、IntelliJ IDEA) 为属性生成 getter/setter 方法。JavaBean 属性一般以小写字母开头，使用驼峰命名格式，相应的 getter/setter 方法名为 get/set 接首字母大写的属性名。例如，属性名为 age，其对应的 getter/setter 方法是 getAge/setAge。

【例 5-1】在 MyEclipse 中新建一个用户信息的 JavaBean，具体操作步骤如下：

第一步，创建一个 Web 项目，右击项目中的 src 文件夹，单击 package，弹出如图 5-1

所示的对话框，在 Name 文本框中输入 com，单击 Finish 按钮。

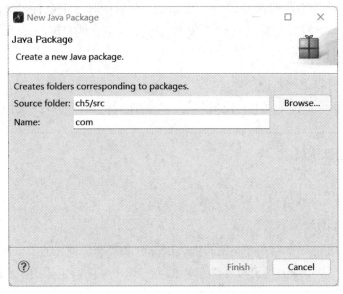

◆ 图 5-1　New Java Package 对话框

第二步，右击创建好的 Web 项目，在弹出的快捷菜单栏中单击 Class 选项，弹出如图 5-2 所示的对话框，在 Name 文本框中输入 User，最后单击 Finish 按钮。

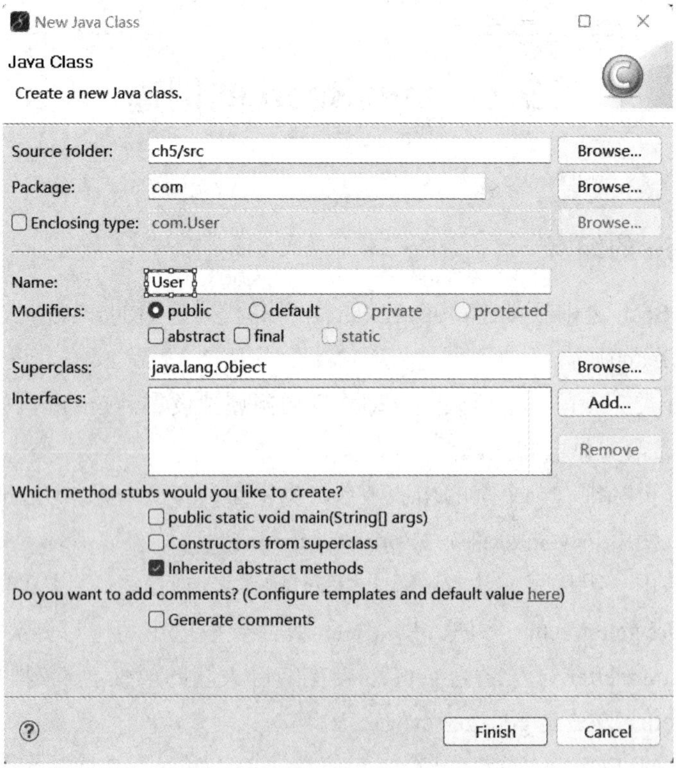

◆ 图 5-2　New Java Class 对话框

第三步，在 User.java 文件中输入以下代码：

```java
package com;
public class User {
    private String name;              // 用户名
    private String password;          // 密码
    private String qq;                // qq 号码
    private String mail;              // E-mail 地址
    private String sex;               // 性别
    public String getName() {
        return name;
    }
    public void setName(String name) {
        this.name = name;
    }
    public String getPassword() {
        return password;
    }
    public void setPassword(String password) {
        this.password = password;
    }
    public String getQq() {
        return qq;
    }
    public void setQq(String qq) {
        this.qq = qq;
    }
    public String getMail() {
        return mail;
    }
    public void setMail(String mail) {
        this.mail = mail;
    }
    public String getSex() {
        return sex;
    }
    public void setSex(String sex) {
        this.sex = sex;
    }
}
```

5.2.2　JavaBean 的部署

部署 JavaBean 有两种方法，一种是对 Web 服务器中的所有 JSP 页面都有效，另一种仅对当前应用有效。

(1) 如果要让 Web 服务器中所有的 JSP 页面都可以使用要部署的 JavaBean，则可以把编译后得到的包含 class 文件的 jar 包拷贝到 $TOMCAT_HOME\common\classes 目录下；如果要部署 jar 包，把打包后的 jar 文件拷贝到 $TOMCAT_HOME\common\lib 子目录下即可。部署完成后要重启 Tomcat 服务器才能生效。

(2) 要使 JavaBean 只对当前的应用有效，如果部署的是 class 类文件，则需要在当前应用下建立 WEB-INF 子目录，在这个子目录下创建 classes 子目录，然后把类文件拷贝到当前目录即可；如果部署的是 jar 包，则需要在当前应用的 WEB-INF 子目录中建立一个新的子目录 lib，并把 jar 文件拷贝到当前目录即可。

5.3　JavaBean 的应用

5.3.1　JavaBean 的属性

一个 JavaBean 可以有多个属性，属性应该是可以访问的，属性类型可以是任何合法的 Java 数据类型，包括自定义的类。

JavaBean 的每个属性通常都具有相应的 setter 和 getter 方法，setter 方法称为属性修改器，getter 方法称为属性访问器。

1. setter 方法

属性修改器以 set 作为前缀，后跟属性名，且属性名的第一个字母要改为大写。例如，属性名称为 name，则方法名称为 setName()，用来设置该属性值。

2. getter 方法

属性访问器以 get 作为前缀，后跟属性名，且属性名的第一个字母要改为大写。例如，属性名称为 name，则方法名称为 getName()，用来读取该属性值。

5.3.2　JavaBean 的动作标签

<jsp:useBean > 标签：用于创建一个新的 JavaBean 对象，并将其保存在指定的作用域中。如果已经存在指定名称的 JavaBean 对象，则不会创建新的对象。

<jsp:setProperty> 标签：用于设置 JavaBean 对象的属性值，可以设置单个属性值或多个属性值，可以使用表达式或字符串指定属性值。

<jsp:getProperty> 标签：用于获取 JavaBean 对象的属性值，并将其输出到 JSP 页面中，可以使用表达式或字符串指定属性名称，并指定输出的格式和类型。

<jsp:include> 标签：用于将一个 JSP 页面包含到当前页面中，可以在包含的页面中使

用 JavaBean 对象，以便在当前页面中显示相应的数据。

在 JSP 页面中，首先使用 <jsp:useBean> 标签创建一个新的 User 对象 user，并将其保存在 session 作用域中，具体代码如下：

<jsp:useBean id="user" class="com.User" scope="session" />

然后使用 <jsp:setProperty > 标签设置 User 对象的属性值，具体代码如下：

<jsp:setProperty name="user" property="name" value="admin" />

<jsp:setProperty name="user" property="password" value="123456" />

接着使用 < jsp:getProperty > 标签获取 User 对象的属性值，并将其输出到页面上，具体代码如下：

<p> 用户名：<jsp:getProperty name="user" property="name" /></p>

<p> 密码：<jsp:getProperty name="user" property="password" /></p>

最后使用 < jsp:include > 标签将一个 JSP 页面包含到当前页面中，并在包含的页面中使用 User 对象，具体代码如下：

<jsp:include page="other.jsp" />

在 other.jsp 页面中，可以通过 <jsp:getProperty> 标签获取和输出 User 对象的属性值。

通过这些动作标签，可以方便地在 JSP 页面中操作 JavaBean 对象，并将其显示到页面上，实现数据的动态展示和交互功能。同时，需要注意 JavaBean 对象的作用域和属性，以便正确地使用和管理它们。

5.3.3 JavaBean 的作用域

JavaBean 其实就是一个对象，作用域指的是这个对象在什么范围内有效。scope 属性定义了 JavaBean 对象的生存时间，可以是 page(默认)、request、session、application 中的一个，它们分别代表了 JavaBean 的 4 种不同的生命周期和使用范围。

page：该对象仅限于在本页面内使用。

request：该对象可在同一次请求所涉及的服务器资源 (可能是页面、Servlet 等) 中使用。

session：该对象可在同一次会话期间所访问的资源中使用，实际上所有的页面都能访问。

application：该对象可在同一个应用内共享，即无论哪个客户端来访问，也无论访问的是哪个页面，都可以使用同一个对象。

1. page 作用域

page 作用域在这 4 种类型中作用范围是最小的，客户端每次请求访问时都会创建一个 JavaBean 对象。JavaBean 对象的有效范围是客户请求访问的当前页面文件，当客户执行当前的页面文件完毕后，JavaBean 对象结束生命。

当 JSP 页面调用 JavaBean 对象时，是将 JavaBean 对象存储在当前页面的 java.servlet.jsp.PageContext 对象中。如果要使用 page 作为 JavaBean 的作用域，则语法格式如下：

<jsp:useBean id="Bean-name" class="class-name" scope="page"> 初始化成员 </jsp:useBean>

2. request 作用域

当 scope 为 request 时，JavaBean 对象被创建后，将存在于整个 request 的生命周期内。

request 对象是一个内建对象，使用它的 getParameter() 方法可以获取表单中的数据信息。其语法格式如下：

```
<jsp:useBean id="Bean-name" class="class-name" scope="request" > 初始化成员 </jsp:useBean>
```

3. session 作用域

当 scope 为 session 时，JavaBean 对象被创建后，将存在于整个 session 的生命周期内。在同一个浏览器内，JavaBean 对象就存在于一个 session 中。当重新打开新的浏览器时，就会开始一个新的 session。每个 session 中拥有各自的 JavaBean 对象。其语法格式如下：

```
<jsp:useBean id="Bean-name" class="class-name" scope="session" > 初始化成员 </jsp:useBean>
```

4. application 作用域

当 scope 为 application 时，JavaBean 对象被创建后，将存在于整个主机或虚拟主机的生命周期内，作用域范围为 application 的 JavaBean 对象存储在 ServletContext 中，application 作用域的生命周期最长，Web Server 停止才会消失。如果要使用 application 作为 JavaBean 的作用域范围，则语法格式如下：

```
<jsp:useBean id="Bean-name" class="class-name" scope="application" > 初始化成员 </jsp:useBean>
```

学习了解了 JavaBean 的属性、作用域后可以将例 5-1 继续完善，让其能够完成用户数据的获取。具体操作步骤如下：

第一步，新建文件 zhuce.jsp，编写注册页面，具体代码如下：

```
<%@ page language="java" contentType="text/html; charset= utf-8"
    pageEncoding="utf-8"%>
<!DOCTYPE html PUBLIC "-//W3C//DTD HTML 4.01 Transitional//EN" "http://www.w3.org/TR/html4/
loose.dtd">
<html>
<head>
<meta http-equiv="Content-Type" content="text/html; charset= utf-8">
<title> 用户注册 </title>
</head>
<body>
<form id="form" name="form" method="post" action="return.jsp">
    <table align="center" width="450" border="2">
        <tr>
            <td align="center" colspan="2">
                <h2> 用户注册 </h2>
                <hr>
            </td>
        </tr>
        <tr>
            <td align="right"> 用户名： </td>
            <td><input type="text" name="name" /></td>
        </tr>
```

```
<tr>
  <td align="right"> 密码：</td>
  <td><input type="password" name="password" /></td>
</tr>
<tr>
  <td align="right"> 性别：</td>
  <td>
    <input type="radio" name="sex" value=" 男 " checked="checked"> 男
    <input type="radio" name="sex" value=" 女 "> 女
  </td>
</tr>
<tr>
  <td align="right">QQ 号码：</td>
  <td><input type="text" name="qq" /></td>
</tr>
<tr>
  <td align="right">E-Mail 地址：</td>
  <td><input type="text" name="mail" /></td>
</tr>
<tr>
  <td align="center" colspan="2">
    <input type="submit" value=" 注　册 ">
  </td>
</tr>
      </table>
    </form>
  </body>
</html>
```

zhuce.jjsp 页面的运行结果如图 5-3 所示。

◆ 图 5-3　zhuce.jsp 页面的运行结果

第二步，新建文件 return.jsp，编写用户信息获取页面，具体代码如下：

```jsp
<%@ page language="java" contentType="text/html; charset= utf-8"
    pageEncoding="utf-8"%>
<!DOCTYPE html PUBLIC "-//W3C//DTD HTML 4.01 Transitional//EN" "http://www.w3.org/TR/html4/
loose.dtd">
<html>
<head>
<meta http-equiv="Content-Type" content="text/html; charset= utf-8">
<title> 注册信息 </title>
</head>
<body>
<%request.setCharacterEncoding("utf-8"); %>
<jsp:useBean id="user" class="com.User">
    <jsp:setProperty property="*" name="user"/></jsp:useBean>
<table align="center" width="400" border="2">
    <tr>
        <td align="right"> 姓    名: </td>
        <td>
            <jsp:getProperty property="name" name="user"/>
        </td>
    </tr>
    <tr>
        <td align="right"> 密    码: </td>
        <td>
            <jsp:getProperty property="password" name="user"/>
        </td>
    </tr>
    <tr>
        <td align="right"> 性    别: </td>
        <td>
            <jsp:getProperty property="sex" name="user"/>
        </td>
    </tr>
    <tr>
        <td align="right">QQ 号码: </td>
        <td><jsp:getProperty property="qq" name="user"/> </td>
    </tr>
    <tr>
        <td align="right">E-mail 地址: </td>
```

```
  <td>
     <jsp:getProperty property="mail" name="user"/>
  </td>
  </tr>
</table>
</body>
</html>
```

return.jsp 页面的运行结果如图 5-4 所示。

姓　名：	ABC
密　码：	123456
性　别：	男
QQ号码：	123456789
E-mail 地址：	123456789@qq.com

◆ 图 5-4　return.jsp 页面的运行结果

5.4　实 战 案 例

【实战案例 5-1】使用 JavaBean 计算三角形的面积，具体操作步骤如下。
(1) 新建文件 inputTriangle.jsp，编写输入三角形边长页面，具体代码如下：

```
<%@ page language="java" contentType="text/html; charset=UTF-8"
    pageEncoding="UTF-8"%>
<!DOCTYPE html>
<html>
<head>
<title>inputTriangle.jsp</title>
</head>
<body>
    <form action="showTriangle.jsp" method="post">
    <table align="center" width="400" border="2">
        <tr>
        <td align="center" colspan="2">
            <h2> 请输入三角形边长 </h2>
        </td>
        </tr>
        <tr><td> 边 A: </td> <td><input type="text" name="edgeA" /></td> </tr>
```

```
<tr><td> 边 B：</td> <td><input type="text" name="edgeB" /></td> </tr>
<tr><td> 边 C：</td> <td><input type="text" name="edgeC" /></td> </tr>
 <tr><td align="center" colspan="2"><input type="submit" value=" 提交 " /></td></tr>
    </table>
    </form>
</body>
</html>
```

input Triangle.jsp 页面的运行结果如图 5-5 所示。

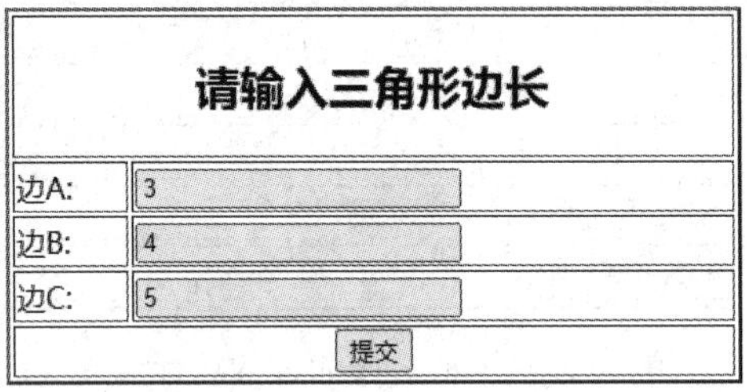

◆ 图 5-5　input Triangle.jsp 页面的运行结果

(2) 新建文件 showTriangle.jsp，编写输出三角形面积页面，具体代码如下：

```
<%@ page language="java" contentType="text/html; charset=UTF-8"
    pageEncoding="UTF-8"%>
<!DOCTYPE html>
<html>
<head>
<title>showTriangle</title>
</head>
<body>
    <jsp:useBean id="smallTriangle" class="com.Triangle" scope="page"></jsp:useBean>
    <jsp:setProperty property="*" name="smallTriangle" />
    <table align="center" width="600"  border="1">
    <tr>
    <td> 三角形的边是：</td>
    <td> 边 A：<jsp:getProperty property="edgeA" name="smallTriangle" />
      边 B：<jsp:getProperty property="edgeB" name="smallTriangle" />
      边 C：<jsp:getProperty property="edgeC " name="smallTriangle" /></td>
    </tr>
    <tr><td> 这三条边能构成一个三角形吗？ </td>
    <td align="center" colspan="3"><jsp:getProperty property="judge"
      name="smallTriangle" /></td></tr>
    <tr><td > 面积是：</td>
    <td align="center" colspan="3"><jsp:getProperty property="area" name="smallTriangle" /></td></tr>
```

```
    </table>
</body>
</html>
```

showTriangle.jsp 页面的运行结果如图 5-6 所示。

三角形的边是:	边A: 3.0 边B: 4.0 边C: 5.0
这三条边能构成一个三角形吗?	true
面积是:	6.0

◆ 图 5-6　showTriangle.jsp 页面的运行结果

(3) 新建文件 Triangle.java，编写三角形类的 JavaBeen，具体代码如下：

```
package com;
public class Triangle {
    private double edgeA;
    private double edgeB;
    private double edgeC;
    private double area;  // 面积
    private boolean judge;  // 判断
    boolean flag;
    public double getEdgeA() {
        return edgeA;
    }
    public void setEdgeA(double edgeA) {
        this.edgeA = edgeA;
    }
    public double getEdgeB() {
        return edgeB;
    }
    public void setEdgeB(double edgeB) {
        this.edgeB = edgeB;
    }
    public double getEdgeC() {
        return edgeC;
    }
    public void setEdgeC(double edgeC) {
        this.edgeC = edgeC;
    }
    public double getArea() {
        double area;
        if(flag==true){
```

```
            double p=0.5*(edgeA+edgeB+edgeC);
            double area1=p*(p-edgeA)*(p-edgeB)*(p-edgeC);
            area=Math.sqrt(area1);
        }
        else{
            area=-1;
        }
        return area;
    }


    public boolean isJudge() {
        if((edgeA+edgeB)>edgeC&&(edgeA+edgeC)>edgeB&&(edgeC+edgeB)>edgeA){
            flag=true;
        }
        else{
            flag=false;
        }

        return flag;
    }


}
```

【实战案例 5-2】使用 JavaBean 制作简易计算器 (允许 +、−、*、/ 四个基本运算)，具体操作步骤如下。

(1) 新建文件 calculator.jsp，编写主页面 JSP，设置供客户端输入的文本框。图 5-7 为其运行结果图。

简易计算器

计算结果： 56 * 24 = 1344

第一个数:　[　　　　　　]

[+ ▾]

第二个数　[　　　　　　]

[提交]　　[重置]

◆ 图 5-7　简易计算器运行结果

calculator.jsp 代码如下：

```
<%@ page language="java" contentType="text/html; charset=UTF-8"
    pageEncoding="UTF-8"%>
```

```jsp
<%@ page errorPage="error.jsp" %>
<!DOCTYPE html PUBLIC "-//W3C//DTD HTML 4.01 Transitional//EN" "http://www.w3.org/TR/html4/loose.dtd">
<html>
<head>
<meta http-equiv="Content-Type" content="text/html; charset=UTF-8">
<link rel="stylesheet" type="text/css" href="css/calculator.css"/>
<title> 简易计算器 </title>
</head>
<body>
    <div id="calculator">
        <h1> 简易计算器 </h1>
        <div id="display">
            <p>
<jsp:useBean id="calculatorBean" class="com.Calculator"></jsp:useBean>
<jsp:setProperty property="*" name="calculatorBean"/>
            <%
                calculatorBean.calculator();
            %>
            计算结果:
            <jsp:getProperty property="firstNum" name="calculatorBean"/>
            <jsp:getProperty property="operator" name="calculatorBean"/>
            <jsp:getProperty property="secondNum" name="calculatorBean"/>
            =
            <jsp:getProperty property="result" name="calculatorBean"/>
            </p>
        </div>
        <form action="calculator.jsp" method="post">
            <table id="calArea">
            <tr>
                <td><div id="word"> 第一个数 :</div></td>
                <td><input type="text" name="firstNum" id="editText"></td>
            </tr>
            <tr><td> </td></tr>
            <tr>
                <td>
                    <select name="operator" id="operator">
                        <option value="+">+</option>
                        <option value="-">-</option>
```

```
                    <option value="*">*</option>
                    <option value="/">/</option>
                </select>
            </td>
        </tr>
        <tr>
        <td><div id="word"> 第二个数 </div></td>
        <td><input type="text" name="secondNum" id="editText" /></td>
        </tr>
    <tr>
        <td><input type="submit" name="put" id="buttom" value=" 提交 "></td>
        <td><input type="reset" name="clear" id="buttom" value=" 重置 " /></td>
    </tr>
    </table>
    </form>
    </div>
</body>
</html>
```

(2) 新建文件 Calculator.java 并编写，显示最终计算结果，具体代码如下：

```java
package com;
import java.math.BigDecimal;
public class Calculator {
    private String firstNum = "0";
    private String secondNum = "0";
    private char operator = '+';
    private String result;
    public String getFirstNum() {
        return firstNum;
    }
    public void setFirstNum(String firstNum) {
        this.firstNum = firstNum;
    }
    public String getSecondNum() {
        return secondNum;
    }
    public void setSecondNum(String secondNum) {
        this.secondNum = secondNum;
    }
    public char getOperator() {
```

```java
        return operator;
    }
    public void setOperator(char operator) {
        this.operator = operator;
    }
    public String getResult() {
        return result;
    }
    public void setResult(String result) {
        this.result = result;
    }
    public void calculator() {
        BigDecimal firstnum = new BigDecimal(this.firstNum);
        BigDecimal secondnum = new BigDecimal(this.secondNum);
        switch (this.operator) {
        case '+':
            this.result = firstnum.add(secondnum).toString();
            break;
        case '-':
            this.result = firstnum.subtract(secondnum).toString();
            break;
        case '*':
            this.result = firstnum.multiply(secondnum).toString();
            break;
        case '/':
            if(secondnum.doubleValue()==0) {
                throw new RuntimeException(" 除数不能为 0");
            }else {
                this.result = firstnum.divide(secondnum, 10,BigDecimal.ROUND_HALF_DOWN).
toString();
            }
        default:
            break;
        }
    }
}
```

(3) 新建文件 error.jsp，编写当除数为零时提示报错，具体代码如下：

```jsp
<%@ page language="java" contentType="text/html; charset=UTF-8"
    pageEncoding="UTF-8"%>
```

```
<%@ page isErrorPage="true" %>
<!DOCTYPE html PUBLIC "-//W3C//DTD HTML 4.01 Transitional//EN" "http://www.w3.org/TR/html4/
loose.dtd">
<html>
<head>
<meta http-equiv="Content-Type" content="text/html; charset=UTF-8">
<title>Sorry! 出错了 !!</title>
</head>
<body>
Sorry! 出错了 !!<br>
    <%= exception.getMessage() %>
</body>
</html>
```

小　　结

JavaBean 是 Java 的组件模型，既可以用于客户端图形界面的开发，又可以用于服务器端的 Java 应用开发，如 JSP 应用。JavaBean 组件中的属性分为四类，即简单属性、索引属性、关联属性、限制属性。JavaBean 组件的事件模型是基于方法调用，即当事件源检测到发生了某种事件，将调用事件监听者对象中的相应事件处理方法处理此事件。

在 JSP 中，可以通过操作命令 <jsp:useBean>、<jsp:setProperty>、<jsp:getProperty> 来使用 JavaBean 组件。用户可以自定义具有代表性和通用性的 JavaBean 组件，并应用在 Java 应用程序和 JSP 程序的开发中。

习　　题

一、选择题

1. 在 JSP 中，以下有关 <jsp:setProperty> 标签和 <jsp:getProperty> 标签的描述，正确的是 (　　)。

　A. <jsp:setProperty> 标签和 <jsp:getProperty> 标签可以对 JavaBean 中定义的所有属性进行选择和设置

　B. <jsp:setProperty> 标签和 <jsp:getProperty> 标签都必须在 <jsp:useBean> 的开始标签和结束标签之间

　C. 这两个标签的 name 属性值可以和 <jsp:userbean> 标签的 id 属性值不同

　D. 这两个标签的 name 属性值必须和 <jsp:usebean> 标签的 id 属性值相对应

2. 在 JSP 中调用 JavaBean 时不会用到的标签是 (　　)。

　A. <javabean>　　　　　　　B. <jsp:setProperty>

C. <jsp:useBean>　　　　　　　　D. <jsp:getProperty>

3. 在 JSP 中，(　　) 是与 JavaBean 不相关的标签。

A. <jsp:include>　　　　　　　　B. <jsp:userBean>

C. <jsp:getProperty>　　　　　　D. <jsp:setProperty>

4. 使用 <jsp:setProperty> 动作标签可以在 JSP 页面中设置 JavaBean 的属性，但必须保证 JavaBean 有对应的 (　　)。

A. GetXxx 方法　　　　　　　　B. getXxx 方法

C. SetXxx 方法　　　　　　　　D. setXxx 方法

5. <jsp:useBean > 标签中指定 JavaBean 实例存取范围的属性是 (　　)。

A. class　　　　　　　　　　　B. type

C. scope　　　　　　　　　　　D. id

二、填空题

1. _____ 和 JSP 结合，可以实现表现层和商业逻辑层的分离。

2. 在 JSP 中可以使用 _____ 操作来设置 JavaBean 的属性，也可以使用 _____ 操作来获取 JavaBean 的值。

3. _____ 操作可以定义一个具有一定生存范围以及一个唯一 id 的 JavaBean 的实例。

4. JavaBean 有四个 scope，它们分别为 _____、_____、_____ 和 _____。

三、简答题

使用 JavaBean 时需要注意哪几点？

四、上机实践

完成本章实战案例。

习题答案

第6章 Servlet 技术

学习目标

- 了解 Servlet 的基本概念。
- 了解 Servlet 的工作原理。
- 熟悉 Servlet 的优点和生命周期。
- 掌握 Servlet 程序的编写和部署。
- 实现 Servlet 的综合案例。

思政目标

- 脚踏实地地做好每一步，全力以赴地做好每件事，发扬工匠精神，养成严谨的科学作风。
- 从全局观的角度看待问题，在对待事物时，既应避免深陷一点、一叶障目，也应避免徒观大局、忽略细节。当整体利益与局部利益发生冲突时，应优先考虑整体利益。
- 古语有云"信人者，人恒信之。"这体现了信任的重要性，想要处理好人与人之间的关系，首先要去相信别人，真正做到以"诚"为本才是与人相处的根本。

6.1 Servlet 概述

随着 Web 应用业务的逐渐增多，动态 Web 的开发也显得越来越重要。目前，企业提供的比较常见的动态 Web 开发技术有 ASP、PHP、JSP、Servlet 等。Sun Microsystems 公司提供了 Servlet 和 JSP 两种技术，用于 Java 的动态资源开发。

6.1.1 Servlet 的概念

Servlet(Server Applet，即小服务程序或服务连接器) 是 Java Servlet 的简称，是运行

在 Web 服务器或应用服务器上的程序，它是作为来自 Web 浏览器或其他 HTTP 客户端的请求和 HTTP 服务器上的数据库或应用程序之间的中间层。Servlet 是用 Java 语言编写的服务器端程序，具有独立于平台和协议的特性，因此 Servlet 模块可以灵活地加载和卸下。Servlet 的主要功能在于交互式地浏览和生成数据，可以响应任何类型的请求，但大部分情况下 Servlet 应用于响应 HTTP 请求，动态生成 Web 页面。

面对一个或一组 URL 地址的访问请求，一个 Servlet 程序就能处理与它对应的请求，并且产生响应内容。一个 Servlet 程序的基本功能如下：

(1) 获取客户端通过 HTML 的 form 表单传递的数据和链接地址 URL 后面的参数信息。

(2) 创建客户端的响应消息内容。

(3) 访问服务器端的文件系统。

(4) 连接数据库并开发基于数据库的应用。

(5) 调用其他的 Java 类。

相较于普通的 Java 程序，Servlet 只是输入信息的来源与输出结果的目标不一致。因此，普通 Java 程序能实现的大多数任务需求，Server 程序也都能实现。

6.1.2　Servlet 的工作原理

Servlet 的运行需要特定的容器，即 Servlet 运行时需要特定的运行环境。本书采用 Tomcat 作为 Servlet 的容器，由 Tomcat 为 Servlet 提供基本的运行环境。

当 Web 服务器接收到一个 HTTP 请求时，会将请求交给 Servlet 容器，Servlet 容器首先对所请求的 URL 进行解析，并根据 web.xml 配置文件找到相应的处理 Servlet，同时将 request、response 对象传递给 Servlet。Servlet 通过 request 对象获取客户端请求者、请求信息以及其他信息。Servlet 处理完请求后，会把所有需要返回的信息放入 response 对象中并返回客户端，Servlet 容器就会刷新 response 对象，并将控制权重新交给 Web 服务器。图 6-1 为 Servlet 的工作原理示意图。

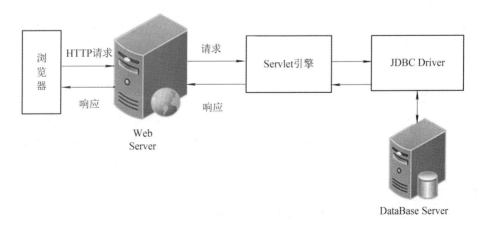

◆ 图 6-1　Servlet 的工作原理示意图

当 Servlet 容器收到请求时，Servlet 引擎就会判断这个 Servlet 是否为第一次访问，如果是第一次访问，Servlet 引擎调用 init() 方法初始化这个 Servlet。每个 Servlet 只被初始化一次，后续的请求只是新建一个线程，再调用 Servlet 中 service() 方法。当多个用户请求同时访问一个 Servlet 时，由 Servlet 容器负责为每个用户启动一个线程，这些线程的启动和销毁都由 Servlet 容器负责。

6.1.3　Servlet 的优点

Servlet 具备 Java 跨平台的优点，不受软硬件环境的限制，其具体优点如下：

1. 可移植性好

Servlet 是用 Java 语言编写的，因此，它延续了 Java 在跨平台上的优势，可以在不同的操作系统平台和不同应用服务器平台下移植。几乎所有的主流服务器都直接或间接支持 Servlet。

2. 高效

在传统的 CGI 中，客户端向服务器发出的每个请求都要生成一个新的进程。在 Servlet 中，每个请求将生成一个新的线程，而不是一个完整的进程。Servlet 被调用时，它被载入并驻留在内存中，直到更改 Servlet，它才会被再次加载。

3. 功能强大

Servlet 可以使用 Java API 的所有核心功能，这些功能包括 Web 和 URL 访问、图像处理、数据压缩、多线程、JDBC、RMI、序列化对象等。

4. 方便

Servlet 提供了大量的实用工具例程，如自动地解析和解码 HTML 表单数据、读取和设置 HTTP 头、处理 Cookie、跟踪会话状态等。

5. 可重用性

Servlet 提供重用机制，可以给应用建立组件或用面向对象的方法封装共享功能。

6. 模块化

JSP、Servlet、JavaBean 都提供把程序模块化的途径，把整个应用划分为许多离散的模块，各模块负责一项具体的任务，使程序便于理解。每一个 Servlet 可以执行一个特定的任务，Servlet 之间可以相互交流。

7. 节省投资

不仅有许多廉价甚至免费的 Web 服务器可供个人或小规模网站使用，而且对于现有的服务器，如果它不支持 Servlet，想要加上这部分功能也往往是免费的或只需要极少的投资。

8. 安全性

Servlet 可以充分利用 Java 的安全机制，并且可以实现类型的安全性。在 Java 的异常处理机制下，Servlet 能够安全地处理各种错误，不会因为程序上的逻辑错误而导致整体服务器系统的毁灭。

6.1.4　Servlet 的生命周期

1. Servlet 的生命周期阶段

Servlet 是服务器端程序，它的运行环境需要 Servlet 容器来支持。Servlet 的生命周期始于 Web 服务器开始运行时，之后不断地处理来自浏览器的请求，然后通过 Web 服务器将响应结果返回给客户端，直到 Web 服务器停止运行，Servlet 才会被终止。

一个 Servlet 的完整生命周期一般包含加载、初始化、运行和销毁 4 个阶段。图 6-2 揭示了 Servlet 的生命周期。

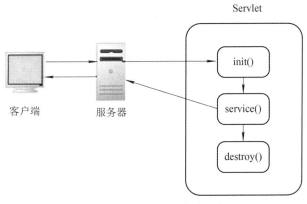

◆ 图 6-2　Servlet 的生命周期

1) 加载阶段

服务器启动或客户端请求 Servlet 服务时，Servlet 容器加载一个 Servlet 类。加载 Servlet 实际上是用 Web 服务器创建一个 Servlet 对象，调用这个对象的 init() 方法完成必要的初始化工作。在 Servlet 对象生命周期内，本方法只调用一次，然后实例化该类的一个或多个实例。

在一般情况下，Servlet 容器是通过 Java 类加载器加载一个 Servlet 的，这个 Servlet 可以是本地的，也可以是远程的。

2) 初始化阶段

Servlet 容器调用 Servlet 的 init() 方法对 Servlet 进行初始化，在初始化时会读取配置信息，完成数据连接等工作。

进入初始化阶段，将包含初始化参数和容器环境信息的 ServletConfig 对象传入 init() 方法中，ServletConfig 对象负责向 Servlet 传递信息，如果传递失败，则会发生 ServletException 异常，Servlet 将不能正常工作。此时，该 Serlvet 将会被容器清除掉，由于初始化尚未完成，所以不会调用 destroy() 方法释放资源。清除该 Servlet 后容器将重新初始化这个 Servlet，如果发生 UnavailableException 异常，并且指定了最小的初始化间隔时间，那么需要等待该指定时间之后再进行新的 Servlet 的初始化。

3) 运行阶段

当客户请求到来时，Servlet 调用 service() 方法处理客户端的请求，同时创建一个响应对象，service() 方法获得请求 / 响应对象后，进行请求处理 (调用被覆盖的 doXxx() 方法进行逻辑处理)，然后将处理的结果以响应对象的方式返回给客户端。在 Servlet 生命周期内，该方法可能因被多次请求而被多次调用。

Servlet 的响应有以下几种类型：

(1) 一个输出流，浏览器根据它的内容类型 (如 TEXT/HTML) 进行解释。

(2) 一个 HTTP 错误响应，重定向到另一个 URL、Servlet、JSP。

4) 销毁阶段

当 Web 服务器要卸载 Servlet 或重新载入 Servlet 时，服务器会调用 Servlet 的 destroy () 方法终止 (结束)，并将 Servlet 从内存中删除，否则它一直为客户服务。

2. Servlet 生命周期中的核心方法

下面介绍 Servlet 生命周期中的核心方法。

1) init () 方法

init() 方法只能被调用一次，在第一次创建 Servlet 时被调用，在后续每次用户请求时不再调用。因此，它用于一次性初始化，与 Applet 的 init 方法一样。

Servlet 创建于用户第一次调用该 Servlet 的 URL 时，但是也可以指定 Servlet 在服务器第一次启动时被加载。

当用户调用一个 Servlet 时，就会创建一个 Servlet 实例。每一个用户请求都会产生一个新的线程，适当的时候移交给 doGet 或 doPost 方法。init () 方法简单地创建或加载一些数据，这些数据将被用于 Servlet 的整个生命周期。

init() 方法的定义如下：

```
public void init () throws ServletException{
    // 初始化代码:
}
```

2) service() 方法

service() 方法是执行实际任务的主要方法。Servlet 容器 (即 Web 服务器) 调用 service() 方法来处理客户端 (浏览器) 的请求，并把格式化的响应写回给客户端。

每次服务器接收到一个 Servlet 请求时，服务器会产生一个新的线程并调用服务。service() 方法检查 HTTP 请求类型 (GET、POST、PUT、DELETE 等)，并在适当的时候调用 doGet、doPost、doPut、doDelete 等方法。

```
public void service (ServletRequest request, ServletResponse response )
    throws ServletException, IOException{
}
```

sevice() 方法由容器调用，所以，不用对 sevice() 方法做任何动作，只需要根据客户端的请求类型来重写 doGet() 或 doPost() 即可。doGet() 和 doPost() 方法是每次服务请求中最常用的方法。

(1) doGet() 方法。GET 请求来自 URL 的正常请求，或者来自未指定 METHOD 的 HTML 表单，它由 doGet() 方法处理。

```
public void doGet( HttpServletRequest request, HttpServletResponse response)
throws ServletException, IOException{
// Servlet 代码
}
```

(2) doPost () 方法。POST 请求来自特别指定 METHOD 为 POST 的 HTML 表单，由 doPost () 方法处理。

```
public void doPost( HttpServletRequest request, HttpServletResponse response)
throws ServletException, IOException{
//Servlet 代码
}
```

3) destroy() 方法

destroy() 方法只被调用一次，即在 Servlet 生命周期结束时被调用。destroy() 方法可以让 Servlet 关闭数据库连接，停止后台线程，把 Cookie 列表或点击计数器写入磁盘，并执行其他类似的清理活动。

```
public void destroy(){
// 终止化代码
}
```

6.1.5　MVC 架构模式

Java 的跨平台性、安全性、高效性、可扩展性和易学性，使它应用广泛。目前，软件工程中一种比较常见的软件架构模式为 MVC 模式 (Model-View-Controller)。MVC 模式把软件系统分为三个基本部分，即模型 (model)、视图 (view) 和控制器 (controller)。模型层：负责接收视图层请求的数据，并返回最终的处理结果，其主要完成业务逻辑处理和有关数据库的操作。视图层：指用户界面，用于与系统进行交互，其主要负责从用户那里获取数据和向用户展示数据。控制层：接收视图层的请求，交给模型层处理，将处理好的结果返回给视图层。控制层不涉及数据处理和业务逻辑处理，只是将模型层和视图层进行匹配，负责控制数据的流向。图 6-3 为 MVC 架构模式的关系图。

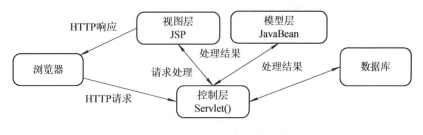

◆ 图 6-3　MVC 架构模式的关系图

6.2　Servlet 的开发

一般 Servlet 负责 Java Web 开发中数据流向的控制，并通过 HttpServletResponse 对象对请求作出响应。创建的 Servlet 必须继承 HttpServlet 类，并实现 doGet() 方法和 doPost() 方法。运行一个 Servlet 程序，首先 Servlet 源文件会被编译为字节码文件，其次字节码文件被保存到相应的 Web 目录中，最后设置 Servlet 的调用路径，即配置 web.xml 文件生效。

【例 6-1】创建继承 HttpServlet 类的 Servlet，并配置 Servlet。

创建和配置 Servlet 的具体操作步骤如下：

(1) 在 MyEclipse 中选择并展开 ServletWeb 项目，右击 src 文件夹，在弹出的快捷菜单中选择 New → Servlet 选项，如图 6-4 所示。

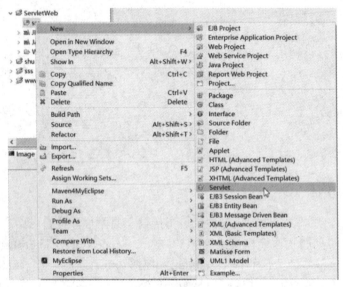

◆ 图 6-4　新建 Servlet

(2) 弹出如图 6-5 所示的 Create a new Servlet 对话框，在 Package 文本框中输入包名 servlet，在 Name 文本框中输入 FirstServlet，Superclass 默认为 javax.servlet.http. HttpServlet。

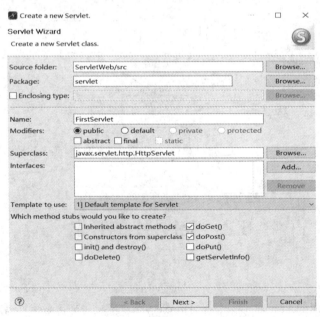

◆ 图 6-5　Create a new Servlet 对话框

（3）单击 Finish 按钮，进入图 6-6，Servlet 创建完成，并自动生成 web.xml 配置文件。

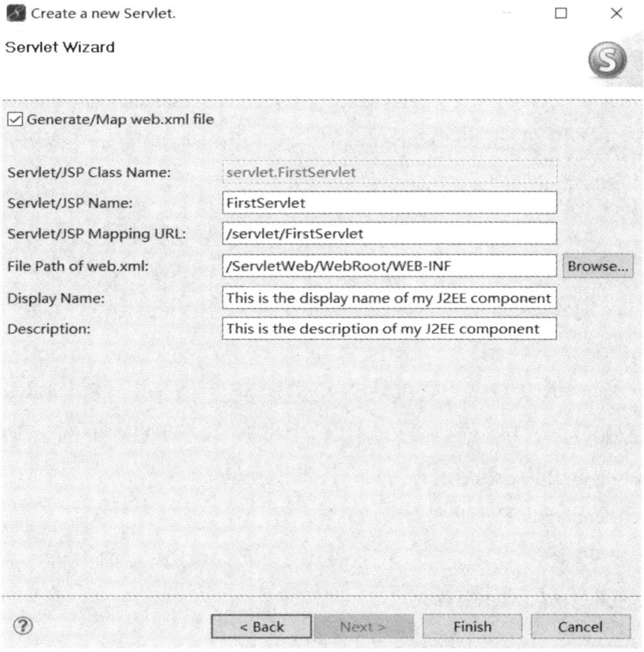

◆ 图 6-6　自动生成 web.xml 配置文件

（4）修改 FirstServlet.java 中的代码，具体代码如下：

```java
package servlet;
import java.io.IOException;
import java.io.PrintWriter;
import javax.servlet.ServletException;
import javax.servlet.http.HttpServlet;
import javax.servlet.http.HttpServletRequest;
import javax.servlet.http.HttpServletResponse;
public class FirstServlet extends HttpServlet {
    public void doGet(HttpServletRequest request, HttpServletResponse response)
            throws ServletException, IOException {
        response.setContentType("text/html");
        response.setCharacterEncoding("GB2312"); // 设置中文显示编码
        PrintWriter out = response.getWriter();
        out.println("<HTML>");
        out.println(" <HEAD><TITLE> 第一个 Servlet 程序 </TITLE></HEAD>");
        out.println(" <BODY>");
        out.print(" 欢迎进入 Servlet 开发 <br>");
        out.print(" 好好学习 <br>");
        out.println(" 天天向上 <br>");
        out.println(" </BODY>");
```

```
    out.println("</HTML>");
    out.flush();
    out.close();    }
public void doPost(HttpServletRequest request, HttpServletResponse response)
    throws ServletException, IOException {
    doGet(request,response);
    }
}
```

在上述代码中，使用 Servlet 容器默认的方式对 Servlet 进行初始化和销毁，因此没有勾选 init() 方法和 destroy() 方法，只包含了处理具体功能的 doGet() 方法和 doPost() 方法。这两个方法用来处理以 GET 或 POST 方式提交的请求。在 doPost() 方法中直接调用 doGet() 方法，而在 doGet() 方法中实现输出一个简单的 HTML 页面的功能。

(5) 配置 Servlet 信息的 web.xml 文件，具体代码如下：

```
<?xml version="1.0" encoding="UTF-8"?>
<web-app version="2.5"
xmlns="http://java.sun.com/xml/ns/javaee"
xmlns:xsi="http://www.w3.org/2001/XMLSchema-instance"
xsi:schemaLocation="http://java.sun.com/xml/ns/javaee
http://java.sun.com/xml/ns/javaee/web-app_2_5.xsd">
<servlet>
<description>This is the description of my J2EE component</description>
<display-name>This is the display name of my J2EE component</display-name>
<servlet-name>FirstServlet</servlet-name>
<servlet-class>servlet.FirstServlet</servlet-class>
</servlet>
<servlet-mapping>
  <servlet-name>FirstServlet</servlet-name>
  <url-pattern>/FirstServlet</url-pattern>
</servlet-mapping><welcome-file-list>
<welcome-file>index.jsp</welcome-file>
</welcome-file-list>
</web-app>
```

在上述代码中，web.xml 文件在 <servlet> 和 <servlet-mapping> 标签中配置 Servlet 的信息。<servlet> 节点中的 <servlet-name> 指定 Servlet 的名称，与 <servlet-mapping> 节点中 <servlet-name> 的名称保持一致。<servlet-class> 指定 Servlet 类的路径，有包的需要写上包名，否则 Servlet 引擎找不到对应的 Servlet 类。在 <servlet-mapping> 节点中 <url-pattern> 元素声明访问 Servlet 的 URL 映射。

(6) 将 ServletWeb 项目部署到 Tomcat 中，启动 Tomcat，在浏览器的地址栏中输入地址 http:/localhost:8080/ServletWeb/FirstServlet，图 6-7 为其运行结果。

localhost:8080/ServletWeb/FirstServlet

欢迎进入Servlet开发
好好学习
天天向上

◆ 图 6-7　运行 Servlet 程序结果

6.3　使用 Servlet 获取信息

Servlet 与 HTTP 联系密切，Servlet 几乎可以处理 HTTP 各个方面的内容。下面主要介绍如何使用 Servlet 获取 HTTP 的信息。

6.3.1　获取 HTTP 头部信息

使用 Servlet 获取 HTTP 的头部信息，这些信息一般包含在 HTTP 请求中。当用户访问一个页面时，会提交一个 HTTP 请求给服务器的 Servlet 引擎。

【例 6-2】在 ServletWeb 项目中创建 Servlet，并使用 Servlet 获取 HTTP 头部信息的类。

创建 Servlet (ServletHeader.java)，具体代码如下：

```java
package servlet;
import java.io.IOException;
import java.io.PrintWriter;
import java.util.*;
import javax.servlet.ServletException;
import javax.servlet.http.HttpServlet;
import javax.servlet.http.HttpServletRequest;
import javax.servlet.http.HttpServletResponse;
public class ServletHeader extends HttpServlet {
    public void doGet(HttpServletRequest request, HttpServletResponse response)
        throws ServletException, IOException {
    response.setContentType("text/html");
    PrintWriter out = response.getWriter();
    Enumeration enumer=request.getHeaderNames();
    while(enumer.hasMoreElements()){                    // 循环输出
        String name=(String)enumer.nextElement();
        String value=request.getHeader(name);
```

```
            out.println(name+"="+value+"<br>");
        }
    }
}
```

在上述代码中，创建获取 HTTP 头部信息的 Servlet 类，在该类中通过 request 对象的 getHeaderNames() 方法获取包含信息名称的枚举类型。在 while 循环中，通过枚举类提供的 hasMoreElements() 方法进行循环，并通过枚举类提供的 nextElement() 方法获取元素的名称，根据元素的名称调用 request 对象的 getHeader() 方法获得其值，最后将名称和值打印输出。

web.xml 中添加了如下代码：

```xml
<servlet>
    <description>This is the description of my J2EE component</description>
    <display-name>This is the display name of my J2EE component</display-name>
    <servlet-name>ServletHeader</servlet-name>
    <servlet-class>servlet.ServletHeader</servlet-class>
</servlet>
<servlet-mapping>
    <servlet-name>ServletHeader</servlet-name>
    <url-pattern>/servlet/ServletHeader</url-pattern>
</servlet-mapping>
```

上述代码在 web.xml 的 <web-app> 标签和 </web-app> 标签之间。<servlet-name> 标签定义的是 Servlet 的名称，<servlet-class> 标签定义的是 Servlet 类的包名和类名，<url-pattern> 标签定义的是 Servlet 的访问路径。

启动 Tomcat 服务器，在浏览器的地址栏中输入 Servlet 的地址 http://localhost:8080/ServletWeb/servlet/ServletHeader，图 6-8 为其运行结果图。

```
host=localhost:8080
connection=keep-alive
sec-ch-ua="Microsoft Edge";v="113", "Chromium";v="113", "Not-A.Brand";v="24"
sec-ch-ua-mobile=?0
sec-ch-ua-platform="Windows"
upgrade-insecure-requests=1
user-agent=Mozilla/5.0 (Windows NT 10.0; Win64; x64) AppleWebKit/537.36 (KHTML, like Gecko) Chrome/113.0.0.0 Safari/537.36 Edg/113.0.1774.50
accept=text/html,application/xhtml+xml,application/xml;q=0.9,image/webp,image/apng,*/*;q=0.8,application/signed-exchange;v=b3;q=0.7
sec-fetch-site=none
sec-fetch-mode=navigate
sec-fetch-user=?1
sec-fetch-dest=document
accept-encoding=gzip, deflate, br
accept-language=zh-CN,zh;q=0.9,en;q=0.8,en-GB;q=0.7,en-US;q=0.6
```

◆ 图 6-8   获取 HTTP 头部信息

6.3.2   获取请求对象信息

通过 Servlet 不仅能够获取 HTTP 的头部信息，还可以获取请求对象的信息，如用户提交请求使用的协议或用户提交表单的方法等。

【例 6-3】在 ServletWeb 项目中创建 Servlet，并使用 Servlet 获取请求对象的类。

创建获取请求对象信息的 Servlet (SelfInfo.java)，具体代码如下：

```java
package servlet;
import java.io.IOException;
import java.io.PrintWriter;
import javax.servlet.ServletException;
import javax.servlet.http.HttpServlet;
import javax.servlet.http.HttpServletRequest;
import javax.servlet.http.HttpServletResponse;
public class SelfInfo extends HttpServlet {
    public void doGet(HttpServletRequest request, HttpServletResponse response)
            throws ServletException, IOException {
        response.setContentType("text/html");
        response.setCharacterEncoding("UTF-8");
        PrintWriter out = response.getWriter();
        out.println("<HTML>");
        out.println("  <HEAD><TITLE> 请求自身对象信息 </TITLE></HEAD>");
        out.println("  <BODY>");
        out.print(" 用 Servlet 获取发出请求对象信息 <br>");
        out.println(" 表单提交 method 的方式 :"+request.getMethod()+"<br>");
        out.println(" 使用协议："+request.getProtocol()+"<br>");
        out.println("Remote 主机："+request.getRemoteAddr()+"<br>");
        out.println("Servlet 地址："+request.getRequestURI()+"<br>");
        out.println("  </BODY>");
        out.println("</HTML>");
    }
}
```

在上述代码中，创建继承 HttpServlet 的 SelfInfo 类，在类的 doGet() 方法中获取请求对象的信息，即表单提交 method 的方式、使用协议、Remote 主机以及 Servlet 地址。

web.xml 中新增如下代码，此处代码是自动生成的：

```xml
<servlet>
    <description>This is the description of my J2EE component</description>
    <display-name>This is the display name of my J2EE component</display-name>
    <servlet-name>SelfInfo</servlet-name>
    <servlet-class>servlet.SelfInfo</servlet-class>
</servlet>
<servlet-mapping>
    <servlet-name>SelfInfo</servlet-name>
```

```
<url-pattern>/servlet/SelfInfo</url-pattern>
</servlet-mapping>
```

上述代码在 web.xml 的 `<web-app>` 标签和 `</web-app>` 标签之间。`<servlet-name>` 标签定义的是 Servlet 的名称，`<servlet-class>` 标签定义的是 Servlet 类的包名和类名，`<url-pattern>` 标签定义的是 Servlet 的访问路径。

启动 Tomcat 服务器，在浏览器的地址栏中输入获取请求对象信息的地址 http://localhost:8080/ServletWeb/servlet/SelfInfo，图 6-9 为其运行结果。

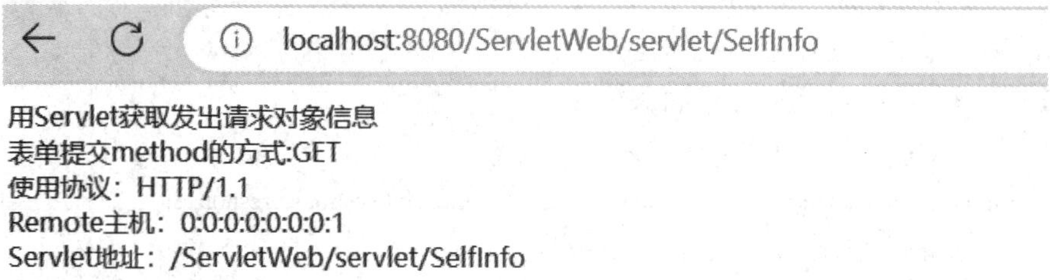

◆ 图 6-9   获取请求对象信息

6.3.3   获取参数信息

使用 Servlet 还可以获取用户提交的参数信息，这些参数可以是表单以 POST 或 GET 方式提交的数据，也可以是直接通过超链接传递的参数。

【例 6-4】在 ServletWeb 项目中创建 Servlet，并使用 Servlet 获取用户提交的参数信息。

创建用户输入信息的表单页面 (body.jsp)，具体代码如下：

```
<%@ page language="java" import="java.util.*" pageEncoding="UTF-8"%>
<%
String path = request.getContextPath();
String basePath = request.getScheme()+"://"+request.getServerName()+":"+request.
getServerPort()+path+"/";
%>
<!DOCTYPE HTML PUBLIC "-//W3C//DTD HTML 4.01 Transitional//EN">
<html>
 <head>
  <title> 提交表单参数 </title>
 </head>
 <body>
 <form action="BodyForm" method="post">
   <table>
     <tr>
        <td> 身高 </td>
        <td><input type="text" name="height"></td>
```

```
            </tr>
        <tr>
            <td> 体重 </td>
            <td><input type="text" name="weight"></td>
        </tr>
        <tr>
            <td> 年龄 </td>
            <td><input type="text" name="age"></td>
        </tr>
        <tr>
            <td colspan="2">
            <input type="submit" name=" 提交 ">
            </td>
        </tr>
    </table>
  </form>
 </body>
</html>
```

在上述代码中，通过 <table> 标签创建用户输入信息，有身高、体重和年龄三个参数。在该页面通过 <form> 标签将用户输入的三个参数提交给 BodyForm 处理，来显示这些信息。

创建获取用户输入信息的 Servlet 页面 (BodyForm.java)，具体代码如下：

```
package servlet;
import java.io.*;
import java.util.*;
import javax.servlet.*;
import javax.servlet.http.*;
public class BodyForm extends HttpServlet {
    public void doGet(HttpServletRequest request, HttpServletResponse response)
        throws ServletException, IOException {
        response.setContentType("text/html");
        response.setCharacterEncoding("UTF-8");
        PrintWriter out = response.getWriter();
        out.println("from 表单提交的参数如下：<br>");
        out.println(" 身高："+request.getParameter("height")+"<br>");
        out.println(" 体重："+request.getParameter("weight")+"<br>");
        out.println(" 年龄："+request.getParameter("age")+"<br>");
    }
    public void doPost(HttpServletRequest request, HttpServletResponse response)
        throws ServletException, IOException {
```

```
        request.setCharacterEncoding("utf-8");
        doGet( request,response);
    }
}
```

在上述代码中，创建继承 HttpServlet 的 BodyForm 类，在该类的 doGet() 和 doPost() 方法中设置相应编码是 UTF-8，由 request 对象的 getParameter() 方法获取 height、weight 和 age 三个参数，并通过 PrintWriter 类的 out 对象输出参数信息。

web.xml 中添加了如下代码：

```
<servlet>
    <description>This is the description of my J2EE component</description>
    <display-name>This is the display name of my J2EE component</display-name>
    <servlet-name>BodyForm</servlet-name>
    <servlet-class>servlet.BodyForm</servlet-class>
</servlet>
<servlet-mapping>
    <servlet-name>BodyForm</servlet-name>
    <url-pattern>/BodyForm</url-pattern>
</servlet-mapping>
```

上述代码添加在 web.xml 的 <web-app> 标签和 </web-app> 标签之间。<servlet-name> 标签定义的是 Servlet 的名称，<servlet-class> 标签定义的是 Servlet 类的包名和类名，<url-pattern> 标签定义的是 Servlet 的访问路径。

启动 Tomcat 服务器，在浏览器的地址栏中输入用户输入信息的表单页面的地址 http://localhost:8080/ServletWeb/body.jsp，图 6-10 为其运行结果。

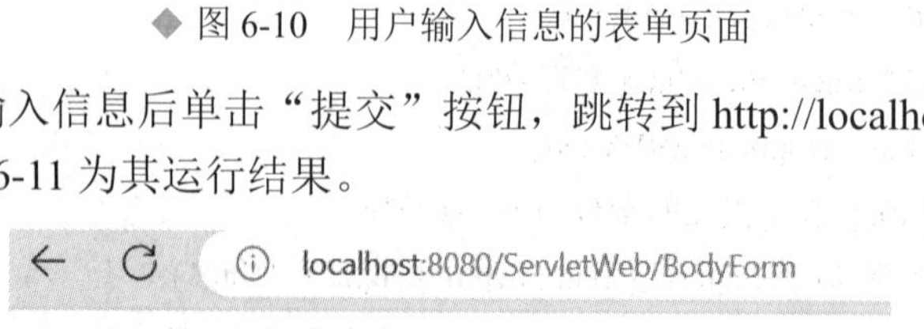

◆ 图 6-10　用户输入信息的表单页面

在表单页面中输入信息后单击"提交"按钮，跳转到 http://localhost:8080/ServletWeb/BodyForm 页面，图 6-11 为其运行结果。

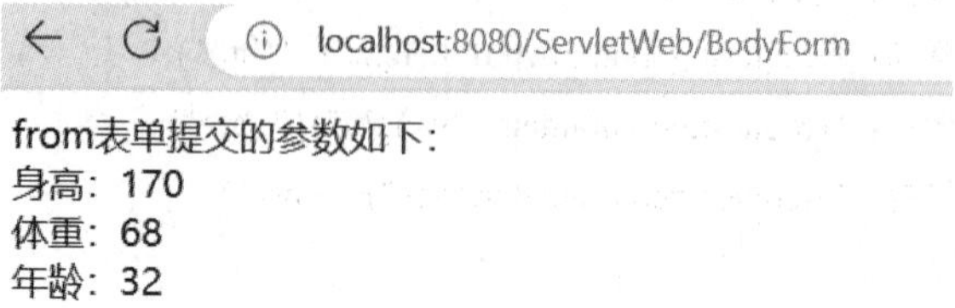

◆ 图 6-11　提交信息的显示

6.4　调用 Servlet 的方法

在前面的讲述中，都是以在浏览器的地址栏中输入具体的 Servlet 地址的形式访问页面的。实际应用中，一般很少在浏览器地址栏中输入 Servlet 的地址进行访问，通常是通过调用 Servlet 的方式访问 JSP 页面。本节主要介绍在 JSP 应用中调用 Servlet 的两种方法，一种是通过表单提交调用 Servlet，另一种是通过超链接调用 Servlet。

6.4.1　以表单形式调用 Servlet

以表单的形式调用 Servlet，一般采用将 Servlet 的地址写入表单的 action 属性的方法，当表单提交之后会调用 Servlet，然后处理表单提交的数据。

【例 6-5】使用表单提交的方法调用 Servlet。

创建 Student 类的文件 (Student.java)，其代码如下：

```
package bean;
public class Student {
    private String name;
    private String sex;
    private String[] interest;
    public String getName() {
        return name;
    }
    public void setName(String name) {
        this.name = name;
    }
    public String getSex() {
        return sex;
    }
    public void setSex(String sex) {
        this.sex = sex;
    }
    public String[] getInterest() {
        return interest;
    }
    public void setInterest(String[] interest) {
        this.interest = interest;
    }
}
```

```java
    public String showSex(String s){
        if(s.equals("man")){
        return " 男 ";
        }else{
        return " 女 ";
        }
    }
    public String showInterest(String[] ins){
        String str="";
        for(int i=0;i<ins.length;i++){
            str+=ins[i]+" ";
        }
        return str;
    }
}
```

上述代码中定义了一个用户类，该类中定义私有成员变量 name、sex 和 interest，并定义它们的 setXxx() 方法和 getXxx() 方法。同时，该类中定义了显示性别的 showSex() 方法和将爱好数组转换为字符串的 showInterest() 方法。

创建填写信息页面 (student.jsp)，其代码如下：

```jsp
<%@ page language="java" import="java.util.*" pageEncoding="utf-8"%>
<%
String path = request.getContextPath();
String basePath = request.getScheme()+"://"+request.getServerName()+":"+request.getServerPort()+path+"/";
%>
<!DOCTYPE HTML PUBLIC "-//W3C//DTD HTML 4.01 Transitional//EN">
<html>
 <head>
  <title> 学生个人信息表 </title>
 </head>
 <body>
  <h1> 学生个人信息 </h1>
    <form action="servlet/StudentServlet" method="post">
    <table>
        <tr>
            <td> 姓名： </td>
            <td><input type="text" name="name"/></td>
        </tr>
        <tr>
```

```
                <td> 性别： </td>
                <td><input type="radio" name="sex" checked="checked" value="man"/> 男
                    <input type="radio" name="sex"  value="women"/> 女
                </td>
            </tr>
            <tr>

                <td> 爱好： </td>
                <td><input type="checkbox" name="interest" value=" 篮球 "/> 篮球
                <input type="checkbox" name="interest"  value=" 足球 "/> 足球
                <input type="checkbox" name="interest"  value=" 游泳 "/> 游泳
                <input type="checkbox" name="interest"  value=" 唱歌 "/> 唱歌
                <input type="checkbox" name="interest"  value=" 跳舞 "/> 跳舞
                </td>
            </tr>
            <tr>
                <td colspan="2"><input type="submit" value=" 提交 "/></td>
            </tr>
        </table>
        </form>
    </body>
</html>
```

在上述代码中，创建了用户输入姓名、选择性别和爱好的页面，并通过表单 <form> 标签处理提交。创建文件 StudentServlet.java 来处理表单提交的信息，其代码如下：

```
package servlet;
import java.io.IOException;
import java.io.PrintWriter;
import javax.servlet.ServletException;
import javax.servlet.http.HttpServlet;
import javax.servlet.http.HttpServletRequest;
import javax.servlet.http.HttpServletResponse;
import bean.Student;
public class StudentServlet extends HttpServlet {
    public void doGet(HttpServletRequest request, HttpServletResponse response)
        throws ServletException, IOException {
    response.setContentType("text/html");
    response.setCharacterEncoding("utf-8");                    // 设置编码，否则汉字显示乱码
    String name=request.getParameter("name");                 // 获取姓名
    String sex=request.getParameter("sex");                   // 获取性别
    String[] interest=request.getParameterValues("interest"); // 获取爱好数组
```

```
        Student student=new Student();
        student.setName(name);
        student.setSex(sex);
        student.setInterest(interest);
        PrintWriter out = response.getWriter();
        out.println("<HTML>");
        out.println(" <HEAD><TITLE>A Servlet</TITLE></HEAD>");
        out.println(" <BODY>");
        out.print(" 学生个人信息调查表：<br>");
        out.println(" 姓名："+student.getName()+"<br>");
        out.println(" 性别: "+student.showSex(student.getSex())+"<br>");
        out.println(" 爱好："+student.showInterest(student.getInterest())+"<br>");
        out.println(" </BODY>");
        out.println("</HTML>");
        out.flush();
        out.close();
    }
    public void doPost(HttpServletRequest request, HttpServletResponse response)
        throws ServletException, IOException {
        request.setCharacterEncoding("utf-8");
    doGet(request,response);
    }
}
```

在上述代码中，创建继承 HttpServlet 的 StudentServlet 类，在该类中定义 doGet() 方法，在该方法中获取用户输入的姓名、性别和爱好，创建 User 类的 user 对象。调用 showSex() 方法并将返回值赋给 user 的私有成员变量 sex；调用 showInterest() 方法将获取的爱好数组转换为字符串，然后赋值给 user 的私有成员变量 interest。使用 PrintWriter 类的 out 对象将用户的信息在 JSP 页面中显示出来。

在 web.xml 文件中添加如下代码：

```
<servlet>
    <description>This is the description of my J2EE component</description>
    <display-name>This is the display name of my J2EE component</display-name>
    <servlet-name>StudentServlet</servlet-name>
    <servlet-class>servlet.StudentServlet</servlet-class>
</servlet>
<servlet-mapping>
    <servlet-name>StudentServlet</servlet-name>
    <url-pattern>/servlet/StudentServlet</url-pattern>
</servlet-mapping>
```

在上述代码中添加 Servlet 的配置信息，即 <servlet> 标签和 <servlet-mapping> 标签，设置 StudentServlet 的名称 (StudentServlet)、类的路径 (servlet.StudentServlet) 以及 Servlet 的访问路径 (/servlet/StudentServlet)。

运行 Tomcat，在浏览器地址栏中输入 http://localhost:8080/ServletWeb/student.jsp，进入如图 6-12 所示的运行界面，输入信息后单击"提交"按钮，进入如图 6-13 所示的运行界面。

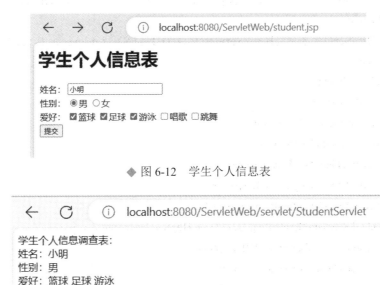

◆ 图 6-12　学生个人信息表

◆ 图 6-13　Servlet 获取信息

6.4.2　以超链接形式调用 Servlet

当有用户输入的内容提交给服务器时，一般使用表单提交的方法调用 Servlet。对于没有用户输入内容的情况，一般通过超链接的方式来调用 Servlet，这种情况还可以传递参数给 Servlet。

【例 6-6】在项目中创建使用超链接调用 Servlet 并传递一个参数的页面 (hyperlink.jsp)，其代码如下：

```
<%@ page language="java" import="java.util.*" pageEncoding="utf-8"%>
<%
String path = request.getContextPath();
String basePath = request.getScheme()+"://"+request.getServerName()+":"+request.getServerPort()+
path+"/";
%>
<!DOCTYPE HTML PUBLIC "-//W3C//DTD HTML 4.01 Transitional//EN">
<html>
  <head>
    <title> 超链接 </title>
```

```
</head>
<body>
<a href="servlet/HLinkServlet?param=link"> 使用超链接调用 Servlet</a>
</body>
</html>
```

上述代码中，在 JSP 页面使用超链接调用 Servlet，并在调用 Servlet 的过程中传递 param 参数到 Servlet。

创建继承 HttpServlet 类的 HLinkServlet 文件 (HLinkServlet.java)，其代码如下：

```
package servlet;
import java.io.IOException;
import java.io.PrintWriter;
import javax.servlet.ServletException;
import javax.servlet.http.HttpServlet;
import javax.servlet.http.HttpServletRequest;
import javax.servlet.http.HttpServletResponse;
public class HLinkServlet extends HttpServlet {
    public void doGet(HttpServletRequest request, HttpServletResponse response)
            throws ServletException, IOException {
        response.setContentType("text/html");
        response.setCharacterEncoding("utf-8");
        String p=request.getParameter("param");          // 获取参数 param
        PrintWriter out = response.getWriter();
        out.println("<HTML>");
        out.println("<HEAD><TITLE>A Servlet</TITLE></HEAD>");
        out.println("<BODY>");
        out.print(" 超链接获得的数据：<br>");
        out.print("param 参数："+p+"<br>");
        out.println("</BODY>");
        out.println("</HTML>");
        out.flush();
        out.close();
    }
    public void doPost(HttpServletRequest request, HttpServletResponse response)
            throws ServletException, IOException {
        request.setCharacterEncoding("utf-8");
        doGet(request,response);
    }
}
```

在上述代码中，通过 request 对象的 getParameter() 方法获取 param 参数的值，并通过

PintWriter 类的 out 对象将参数信息输出到页面上。

在 web.xml 文件中添加如下代码：

```
<servlet>
    <description>This is the description of my J2EE component</description>
    <display-name>This is the display name of my J2EE component</display-name>
    <servlet-name>HLinkServlet</servlet-name>
    <servlet-class>servlet.HLinkServlet</servlet-class>
</servlet>
<servlet-mapping>
    <servlet-name>HLinkServlet</servlet-name>
    <url-pattern>/servlet/HLinkServlet</url-pattern>
</servlet-mapping>
```

在 上 述 代 码 中 配 置 Servlet 的 信 息，在 web.xml 页 面 中 添 加 <servlet> 标 签 和 <servlet-mapping> 标 签，即 设 置 HLinkServlet 的 名 称 (HLinkServlet)、类 的 路 径 (servlet. HLinkServlet) 以及 Servlet 的访问路径 (/servlet/ HLinkServlet)。

启 动 Tomcat 服 务 器，在 浏 览 器 的 地 址 栏 中 输 入 http://localhost:8080/ServletWeb/ hyperlink.jsp，进入如图 6-14 所示的运行界面。

◆ 图 6-14　Servlet 显示信息

此时单击超链接将跳转到 Servlet 处理并显示获取的参数信息，图 6-15 为其运行结果。

◆ 图 6-15　Servlet 获取信息

6.5　实战案例

【实战案例 6-1】网上留言板。本例通过一个留言板模块来了解 Servlet 的使用。 Servlet 主要用于 MVC 模式中控制器部分，本例中 Servlet 负责处理数据并有一定的控制 功能。图 6-16 为留言板开发流程。

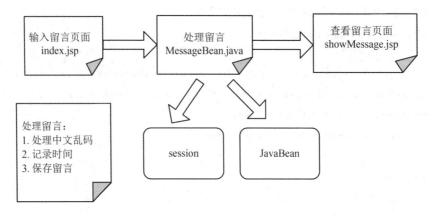

◆ 图 6-16   留言板开发流程

创建项目，其目录结构如图 6-17 所示。

```
✓ 🐷 sz6-1
    ✓ 🕮 src
        ✓ ⊞ bean
            > 🗋 MessageBean.java
        ✓ ⊞ servlet
            > 🗋 AddMessageServlet.java
    > 🗁 JRE System Library [Sun JDK 1.6.0_13]
    > 🗁 Java EE 5 Libraries
    ✓ 🗁 WebRoot
        > 🗁 META-INF
        ✓ 🗁 WEB-INF
            🗁 lib
            🗋 web.xml
        🗋 index.jsp
        🗋 showMessage.jsp
```

◆ 图 6-17   项目的目录结构

(1) 创建输入留言的页面 (index.jsp)，图 6-18 为其运行结果。程序源代码如下：

```
<%@ page language="java" import="java.util.*" pageEncoding="utf-8"%>
<%
String path = request.getContextPath();
String basePath = request.getScheme()+"://"+request.getServerName()+":"+request.getServerPort()+
path+"/";
%>
<!DOCTYPE HTML PUBLIC "-//W3C//DTD HTML 4.01 Transitional//EN">
<html>
  <head>
    <base href="<%=basePath%>">
    <title> 留言板 </title>
```

```
<meta http-equiv="pragma" content="no-cache">
<meta http-equiv="cache-control" content="no-cache">
<meta http-equiv="expires" content="0">
<meta http-equiv="keywords" content="keyword1,keyword2,keyword3">
<meta http-equiv="description" content="This is my page">
<!--
<link rel="stylesheet" type="text/css" href="styles.css">
-->
</head>
<body>
    <form action="AddMessageServlet" method="post">
    留 言 者：<input type="text" name="author" size="20">
    <br>
    留言标题：<input type="text" name="title" size="20">
    <br>
    留言内容：<textarea name="content" rows="8"  cols="20"></textarea>
    <p>
    <input type="submit" value=" 提交 ">
    <input type="reset" value=" 重置 ">
    <a href="showMessage.jsp"> 查看留言 </a>
    </form>
</body>
</html>
```

◆ 图 6-18　留言板输入页面

　　在留言板中输入王淑丽同学的留言信息，单击 " 提交 " 按钮，使用 Servlet (AddMessageServlet) 接收请求，将显示留言者、留言时间、留言标题、留言内容等信息。图 6-19 为执行完提交按钮后的运行结果。

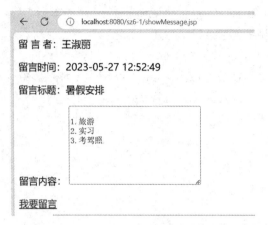

◆ 图 6-19　留言板显示页面

　　(2) 创建接收请求保存留言的 Servlet 类。该 Servlet(AddMessageServlet.java) 作为控制器，接收浏览器发送的所有请求，提交的信息和查看留言响应到 showMessage.jsp 页面显示。留言板信息处理 Servlet 文件为 AddMessageServlet.java，代码如下：

```java
package servlet;
import java.io.IOException;
import java.io.PrintWriter;
import java.util.Date;
import java.text.SimpleDateFormat;
import java.util.ArrayList;
import javax.servlet.ServletContext;
import javax.servlet.ServletException;
import javax.servlet.http.HttpServlet;
import javax.servlet.http.HttpServletRequest;
import javax.servlet.http.HttpServletResponse;
import javax.servlet.http.HttpSession;
import bean.MessageBean;
public class AddMessageServlet extends HttpServlet {
    public void destroy() {
        super.destroy(); // Just puts "destroy" string in log
        // Put your code here
    }
    public void doGet(HttpServletRequest request, HttpServletResponse response)
            throws ServletException, IOException {
        this.doPost(request, response);
    }
    public void doPost(HttpServletRequest request, HttpServletResponse response)
            throws ServletException, IOException {
```

```
        response.setContentType("text/html");
        PrintWriter out = response.getWriter();
        /* 中文编码处理 */
        String author=new String(request.getParameter("author").getBytes("ISO-8859-1"),"UTF-8");
        String title=new String(request.getParameter("title").getBytes("ISO-8859-1"),"UTF-8");
        String content=new String(request.getParameter("content").getBytes("ISO-8859-1"),"UTF-8");
        /* 获取当前时间并格式化时间为指定格式 */
        SimpleDateFormat format=new SimpleDateFormat("yyyy-MM-dd HH:mm:ss");
        String today=format.format(new Date());
        /*JavaBean 保存 index.jsp 文件提交的数据 */
        MessageBean mm=new MessageBean();
        mm.setAuthor(author); mm.setTitle(title);
        mm.setContent(content); mm.setTime(today);
        HttpSession session=request.getSession();               // 获取 session 对象，HttpSession 相当于
JSP 中的 session
        ServletContext scx=session.getServletContext();          // 通过 session 对象获取应用上下文
ServletContext，相当于 JSP 中的 application
        ArrayList wordlist=(ArrayList)scx.getAttribute("wordlist");     // 获取存储在应用上下文中的
集合对象 (JSP 的 Application 对象 )
        if(wordlist==null)      wordlist=new ArrayList();
        wordlist.add(mm);              // 将封装了信息值的 JavaBean 存储到集合对象中
        scx.setAttribute("wordlist",wordlist);               // 将集合对象保存到应用上下文中
        response.sendRedirect("showMessage.jsp");
    }
    public void init() throws ServletException {
        // Put your code here
    }
}
```

(3) 创建表示留言数据的 JavaBean 类 (MessageBean.java)。该类中每个属性定义了 get 和 set 方法，其目的是为显示留言的 JSP 读取数据方便。保存数据的 JavaBean (MessageBean. java) 的代码如下：

```
package bean;
public class MessageBean {
    private String author;
    private String title;
    private String content;
    private String time;
    public  MessageBean(){
    }
```

```java
    public String getAuthor(){
        return author;
    }
    public void setAuthor(String author){
        this.author = author;
    }
    public String getTitle(){
        return title;
    }
    public void setTitle(String title){
        this.title = title;
    }
    public String getContent(){
        return content;
    }
    public void setContent(String content){
        this.content = content;
    }
    public String getTime(){
        return time;
    }
    public void setTime(String time){
        this.time = time;
    }
}
```

(4) 创建查看留言页面 (showMessage.jsp)，它能够获取留言消息并且对获得的结果进行显示。showMessage.jsp 程序代码如下：

```jsp
<%@page import="bean.MessageBean"%>
<%@page import="java.util.ArrayList"%>
<%@ page language="java" import="java.util.*" pageEncoding="utf-8"%>
<%
String path = request.getContextPath();
String basePath = request.getScheme()+"://"+request.getServerName()+":"+request.getServerPort()+
path+"/";
%>
<!DOCTYPE HTML PUBLIC "-//W3C//DTD HTML 4.01 Transitional//EN">
<html>
 <head>
```

```
  <base href="<%=basePath%>">
 <title> 显示留言板 </title>
  <meta http-equiv="pragma" content="no-cache">
  <meta http-equiv="cache-control" content="no-cache">
  <meta http-equiv="expires" content="0">
  <meta http-equiv="keywords" content="keyword1,keyword2,keyword3">
  <meta http-equiv="description" content="This is my page">
  <!--
  <link rel="stylesheet" type="text/css" href="styles.css">
  -->
 </head>
 <body>
 <body >
    <% ArrayList wordlist=(ArrayList)application.getAttribute("wordlist");
      if(wordlist==null||wordlist.size()==0)
          out.print(" 没有留言可显示！ ");
      else{
        for(int i=wordlist.size()-1;i>=0;i--){
          MessageBean mm=(MessageBean)wordlist.get(i);
  %>
   留 言 者：<%=mm.getAuthor() %>
   <p> 留言时间：<%=mm.getTime() %></p>
   <p> 留言标题：<%=mm.getTitle() %></p>
   <p> 留言内容：<textarea rows="8" cols="30" readonly>
              <%=mm.getContent()%> </textarea> </p>
   <a href="index.jsp"> 我要留言 </a> <hr width="90%">
   <%  }
   } %>
 </body>
</html>
```

(5) web.xml 的配置信息如下：

```
<servlet>
  <description>This is the description of my J2EE component</description>
  <display-name>This is the display name of my J2EE component</display-name>
  <servlet-name>AddMessageServlet</servlet-name>
  <servlet-class>servlet.AddMessageServlet</servlet-class>
 </servlet>
 <servlet-mapping>
```

```
<servlet-name>AddMessageServlet</servlet-name>
<url-pattern>/AddMessageServlet</url-pattern>
</servlet-mapping>
```

查看留言页面的运行结果如图 6-20 所示。

◆ 图 6-20   查看留言的显示页面

【实战案例 6-2】编写一个 JSP 页面程序，用 Servlet 读取表单信息。具体操作步骤如下。

(1) 创建新闻信息发布的页面 news.jsp，其运行结果如图 6-21 所示，并创建如图 6-22 所示的系统目录结构。

◆ 图 6-21   新闻信息发布页面   ◆ 图 6-22   新闻信息发布程序目录结构

news.jsp 网页的代码如下：

```
<%@ page language="java" import="java.util.*" pageEncoding="utf-8"%>
<%
String path = request.getContextPath();
String basePath = request.getScheme()+"://"+request.getServerName()+":"+request.getServerPort()+
path+"/";
%>
<!DOCTYPE HTML PUBLIC "-//W3C//DTD HTML 4.01 Transitional//EN">
<html>
 <head>
  <title> 新闻信息发布 </title>
 </head>
 <body>
 <h1> 新闻信息发布 </h1>
     <form action="NewServlet" method="post">
     <table >
      <tr>
          <td > 新闻标题： </td>
          <td ><input type="text" name="name"/></td>
      </tr>
       <tr>
          <td> 关键字: </td>
          <td >
          <input type="checkbox" name="keywords"  value=" 民生 "/> 民生
          <input type="checkbox" name="keywords"  value=" 政治 "/> 政治
          <input type="checkbox" name="keywords"  value=" 教育 "/> 教育
          </td>
      </tr>
      <tr>
          <td> 新闻类别 </td>
          <td ><select name="sort" >
             <option value=" 娱乐 "> 娱乐 </option>
             <option value=" 教育 "> 教育 </option>
             <option value=" 民生 "> 民生 </option>
             <option value=" 政治 "> 政治 </option>
             <option value=" 军事 "> 军事 </option>
          </select></td>
       </tr>
        <tr>
```

```
    <td> 新闻作者 : </strong></font></td>
    <td><input type="text" name="author"/></td>
    </tr>
     <tr>
        <td height="100"> 新闻简介：</td>
        <td ><textarea name="jianjie"></textarea></td>
    </tr>
    <tr align="left">
        <td height="100" colspan="2" align="center">
        <input type="submit"  value=" 提交 " />
            
        <input type="reset" value=" 取消 "/>
        </td>
    </tr>
    </table>
    </form>
  </body>
</html>
```

(2) 为了方便 JSP 读取数据，bean 包的 Info 类定义了每个属性对应的标签字段，源代码如下：

```
package bean;
public class Info {
    private String name;
    private String sort;
    private String[] keywords;
    private String author;
    private String jianjie;
    public String getName() {
        return name;
    }
    public void setName(String name) {
        this.name = name;
    }
    public String getSort() {
        return sort;
    }
    public void setSort(String sort) {
        this.sort = sort;
    }
```

```java
    public String getAuthor() {
        return author;
    }
    public void setAuthor(String author) {
        this.author = author;
    }
    public String getJianjie() {
        return jianjie;
    }
    public void setJianjie(String jianjie) {
        this.jianjie = jianjie;
    }
    public String[] getKeywords() {
        return keywords;
    }
    public void setKeywords(String[] keywords) {
        this.keywords = keywords;
    }
    public String showKeywords(String[] key){
        String str="";
        for(int i=0;i<key.length;i++){
            str+=key[i]+" ";
        }
        return str;
    }
}
```

(3) 定义 NewServlet 类读取页面的信息，并显示在页面上。NewServlet.Java 代码如下：

```java
package servlet;
import java.io.IOException;
import java.io.PrintWriter;
import javax.servlet.ServletException;
import javax.servlet.http.HttpServlet;
import javax.servlet.http.HttpServletRequest;
import javax.servlet.http.HttpServletResponse;
import bean.Info;
public class NewServlet extends HttpServlet {
    public void doGet(HttpServletRequest request, HttpServletResponse response)
            throws ServletException, IOException {
        response.setContentType("text/html");
        response.setCharacterEncoding("utf-8"); // 设置编码，否则汉字显示乱码
```

```
        String name=request.getParameter("name");              // 获取新闻标题
        String[] keywords=request.getParameterValues("keywords");     // 获取关键字
        String sort=request.getParameter("sort");              // 获取新闻类别
        String author=request.getParameter("author");          // 获取新闻记者
        String jianjie=request.getParameter("jianjie");         // 获取新闻简介
        Info info=new Info();
        info.setName(name);
        info.setKeywords(keywords);
        info.setSort(sort);
      info.setAuthor(author);
        info.setJianjie(jianjie);
        PrintWriter out = response.getWriter();
        out.println("<HTML>");
        out.println(" <HEAD><TITLE>A Servlet</TITLE></HEAD>");
        out.println(" <BODY>");
        out.print(" 新闻信息发布 <br>");
        out.println(" 新闻标题："+info.getName()+"<br>");
        out.println(" 关键字："+info.showKeywords(info.getKeywords())+"<br>");
        out.println(" 新闻类别："+info.getSort()+"<br>");
        out.println(" 新闻记者："+info.getAuthor()+"<br>");
        out.println(" 新闻简介："+info.getJianjie()+"<br>");
        out.println(" </BODY>");
        out.println("</HTML>");
        out.flush();
        out.close();
    }
    public void doPost(HttpServletRequest request, HttpServletResponse response)
         throws ServletException, IOException {
        request.setCharacterEncoding("utf-8");
    doGet(request,response);
    }
}
```

(4) web.xml 文件中新增 Servlet 的配置信息。其中，<servlet> 标签设置 NewServlet 的名称 (NewServlet) 和类的路径 (servlet.NewServlet)，<servlet-mapping> 标签设置 Servlet 的访问路径。其配置信息如下：

```
<servlet>
    <description>This is the description of my J2EE component</description>
    <display-name>This is the display name of my J2EE component</display-name>
    <servlet-name>NewServlet</servlet-name>
```

```
    <servlet-class>servlet.NewServlet</servlet-class>
  </servlet>
  <servlet-mapping>
    <servlet-name>NewServlet</servlet-name>
    <url-pattern>/NewServlet</url-pattern>
  </servlet-mapping>
```

在新闻信息发布页面输入信息后单击"提交"按钮，进入如图 6-23 所示的运行结果界面。

◆ 图 6-23　Servlet 处理结果

【实战案例 6-3】模拟用户登录系统，要求设计一个用户登录表单文件 login.html，登录信息提交给 Servlet 处理 (Login)，在 Servlet 中获取用户提交的信息并验证。如果通过验证，则将请求重定向到 index.jsp 网页。index.jsp 页面内容输出：如果用户已登录，则显示欢迎该用户的信息；如果用户未登录，则在页面中提示用户尚未登录，并提供用户登录页的超链接。

如果验证未通过，则重定向到 logfail.jsp，在该页中显示用户登录失败信息，并提供登录页面 login.html 的超链接。图 6-24 展示了该项目的目录结构。

◆ 图 6-24　模拟用户登录系统项目的目录结构

(1) 创建 login.html 文件，其运行结果如图 6-25 所示。login.html 的代码如下：

```
<!DOCTYPE HTML PUBLIC "-//W3C//DTD HTML 4.01 Transitional//EN">
<html>
  <head>
    <title> 用户登录 </title>
```

```
            <meta http-equiv="keywords" content="keyword1,keyword2,keyword3">
            <meta http-equiv="description" content="this is my page">
            <meta http-equiv="content-type" content="text/html; charset=UTF-8">
            <!--<link rel="stylesheet" type="text/css" href="./styles.css">-->
        </head>
        <body>
            <form action="servlet/Login" method="post">
                用户名：<input type="text" name="name">
                密码：<input type="password" name="pass">
                <input type="submit" value=" 登录 ">
            </form>
        </body>
    </html>
```

◆ 图 6-25   login.html 的运行结果

(2) 创建 index.jsp 网页，在网页中输出"×××，欢迎您！"，××× 表示用户名文本框中输入的内容，当用户登录验证通过时，应该将用户名信息写入 session 对象的属性中。在 index.jsp 网页中可以检测 session 对象中是否存在指定的属性，如果存在，则输出欢迎信息，如果不存在，则表示该用户未登录。index.jsp 的源程序如下：

```
<%@ page language="java" import="java.util.*" pageEncoding="UTF-8"%>
<%
String path = request.getContextPath();
String basePath = request.getScheme()+"://"+request.getServerName()+":"+request.getServerPort()+
path+"/";
%>
<!DOCTYPE HTML PUBLIC "-//W3C//DTD HTML 4.01 Transitional//EN">
<html>
 <head>
  <base href="<%=basePath%>">
  <title> 欢迎页面 </title>
  <meta http-equiv="pragma" content="no-cache">
  <meta http-equiv="cache-control" content="no-cache">
  <meta http-equiv="expires" content="0">
  <meta http-equiv="keywords" content="keyword1,keyword2,keyword3">
  <meta http-equiv="description" content="This is my page">
```

```
<!--
<link rel="stylesheet" type="text/css" href="styles.css">
-->
</head>
<body>
<%
if(session.getAttribute("name")!=null){
// session.removeAttribute("name");
%>
<%=session.getAttribute("name") %>，欢迎您！
<%
}else{
%>
您尚未登录，请 <a href="login.html"> 单击此处 </a> 登录！
<%} %>
</body>
</html>
```

(3) 创建 logfail.jsp 网页，其代码如下：

```
<%@ page language="java" import="java.util.*" pageEncoding="UTF-8"%>
<%
String path = request.getContextPath();
String basePath = request.getScheme()+"://"+request.getServerName()+":"+request.getServerPort()+
path+"/";
%>
<!DOCTYPE HTML PUBLIC "-//W3C//DTD HTML 4.01 Transitional//EN">
<html>
 <head>
  <base href="<%=basePath%>">
  <title> 登录失败页面 </title>
  <meta http-equiv="pragma" content="no-cache">
  <meta http-equiv="cache-control" content="no-cache">
  <meta http-equiv="expires" content="0">
  <meta http-equiv="keywords" content="keyword1,keyword2,keyword3">
  <meta http-equiv="description" content="This is my page">
  <!--
  <link rel="stylesheet" type="text/css" href="styles.css">
  -->
 </head>
 <body>
```

用户名或密码错误，请 <a href="*login.html*"> 单击此处 </a> 重新登录！

    </body>

  </html>

(4) 设计 Servlet 类 (Login.java)，注意 doPost() 方法的参数，其代码如下：

```java
package com.servlet;
import java.io.IOException;
import java.io.PrintWriter;
import javax.servlet.ServletException;
import javax.servlet.http.HttpServlet;
import javax.servlet.http.HttpServletRequest;
import javax.servlet.http.HttpServletResponse;
import javax.servlet.http.HttpSession;
public class Login extends HttpServlet {
    public Login() {
        super();
    }
    public void destroy() {
        super.destroy(); // Just puts "destroy" string in log
        // Put your code here
    }
    public void doGet(HttpServletRequest request, HttpServletResponse response)
            throws ServletException, IOException {
        this.doPost(request, response);
    }
    public void doPost(HttpServletRequest request, HttpServletResponse response)
            throws ServletException, IOException {
        request.setCharacterEncoding("utf-8");
        String path=request.getContextPath();           // 获取应用程序上下文路径
        HttpSession session=request.getSession();
        String name=request.getParameter("name");
        String pass=request.getParameter("pass");
        if("123".equals(pass)){
            session.setAttribute("name", name);          // 登录验证通过，将用户名写入 session 的
                                                         //    name 属性中
            response.sendRedirect(path+"/index.jsp");    // 应用程序重定向到 index.jsp
        }else{
            response.sendRedirect(path+"/logfail.jsp");  // 应用程序重定向到 logfail.jsp
        }
    }
}
```

```
    public void init() throws ServletException {
        // Put your code here
    }
}
```

(5) web.xml 的配置信息源代码如下：

```
<servlet>
    <servlet-name>Login</servlet-name>
    <servlet-class>com.servlet.Login</servlet-class>
</servlet>
<servlet-mapping>
    <servlet-name>Login</servlet-name>
    <url-pattern>/servlet/Login</url-pattern>
</servlet-mapping>
```

(6) 启动 Tomcat 服务器，在 login.html 页面中输入用户名和密码进行测试。登录成功时，显示如图 6-26 所示的运行界面。

◆ 图 6-26　登录成功的页面

当密码框输入的不是"123"时，显示如图 6-27 所示的运行界面。

◆ 图 6-27　登录失败的页面

小　　结

　　本章主要介绍了 Servlet 技术的概念、工作原理、优点及生命周期，Servlet 的开发，使用 Servlet 获取信息，调用 Servlet 的方法等相关内容。Servlet 是指服务器端小程序，主要用于处理客户端传来的 HTTP 请求，并返回一个响应。Servlet 开发需要创建一个 Servlet 类，且必须继承 HttpServlet 类，一般 Servlet 负责数据流向的控制，通过 HttpServletResponse 对象对请求作出响应，并实现 doGet() 方法和 doPost() 方法。理解 Servlet 很重要，因为它是 JSP 的底层实现。

习　题

一、选择题

1. 当访问一个 Servlet 时，Servlet 中的哪个方法先被执行？(　　)

A. destroy()　　　　B. doGet()　　　　C. service()　　　　D. init()

2. 假设在 myServlet 应用中有一个 MyServlet 类，在 web.xml 文件中对其进行如下配置：

```
<servlet>
    <servlet-name> MyServlet </servlet-name>
    <servlet-class>com.yxq.servlet.MyServlet</servlet-class>
</servlet>
<servlet-mapping>
    <servlet-name> MyServlet</servlet-name>
    <url-pattern>/welcome</url-pattern>
</servlet-mapping>
```

则以下选项可以访问到 MyServlet 的是 (　　)。

A. http://localhost:8080/MyServlet

B. http://localhost:8080/myservlet

C. http://localhost:8080/com/yxq/servlet/MyServlet

D. http://localhost:8080/yxq /welcome

二、简答题

1. 什么是 Servlet？ Servlet 的技术特点是什么？ Servlet 与 JSP 有什么区别？

2. 简述 Servlet 的生命周期。

3. 如何配置 Servlet?

4. 创建一个 Servlet 通常分为哪几个步骤？

5. Servlet 有哪些功能？

6. 使用哪种方法可获取用户提交的表单中的数据？

7. 使用哪种方法可将数据保存到会话中？

三、上机实践

完成本章实战案例。

习题答案

第7章 EL 表达式和 JSTL

- 了解 EL 表达式。
- 掌握 EL 中常见的隐式对象。
- 熟悉 EL 的运算符。
- 熟悉 JSTL 标签库。

思政目标

- 培育求真务实、实践创新、精益求精的工匠精神。
- 培养学生严谨求实、吃苦耐劳、追求卓越等优秀品质。
- 树立心系社会并有时代担当的精神追求。

7.1 EL 表达式

7.1.1 认识 EL

EL(Expression Language，即表达式语言) 是 JSP 2.0 增加的技术规范。EL 的灵感来自
ECMAScript 和 XPath 表达式语言。EL 是一种简单的语言，使用 EL 表达式 JSP 页面可以
不再使用任何的 JSP 声明、脚本和表达式，就可以轻松地访问应用程序的数据。EL 表达
式提供了在 JSP 中简化表达式的方法，目的是尽量减少 JSP 页面中的 Java 代码，使得 JSP
页面的处理程序编写起来更加简洁，便于开发和维护。EL 表达式的语法非常简单，都是
以 "$ {" 开始，以 "}" 结束的，中间是 Java 表达式。EL 表达式可以是一个常量，也可
以是一个变量。如果是常量字符串，则需要用 ' ' 引用起来，如 ${ '中国' }，它可以直
接在 JSP 页面中输出结果。其具体格式如下：

$ {表达式}

注意： EL 表达式写在 JSP 页面中，表达式一般是域对象的 key。EL 表达式必须符合 EL 语法要求。EL 表达式代替 JSP 页面中表达式、脚本进行数据的输出（只能获取数据，不能设置数据）。EL 表达式主要是输出域对象中的数据，当四个域对象都有同一个 key 值时，EL 表达式会按照四个域对象的范围从小到大进行搜索，找到就输出，与四个域对象声明的先后顺序无关。关于 EL 语法的相关内容会在后面章节中介绍。

使用 JSP 的标准动作可以简化 JSP 页面的开发，在操作 JavaBean 时，当 JavaBean 的属性属于简单的、基本的数据类型时，如 String 类型，能够实现类型的自动转换。如果 JavaBean 的属性类型不是基本类型，而是 Object 类型，该怎么访问呢？

现有如下案例：有一个学校类 School.java，类中有老师 teacher、学生 student 两个属性，而这两个属性分别是 Teacher.java 类和 Student.java 类对应的实例。

学校类 School.java 部分代码如下：

```java
public class School{
    private Teacher teacher;
    private Student student;
//getter and setter 方法
...
}
```

学生类 Student.java 部分代码如下：

```java
public class Student{
    private String name;
    private String parentName;
    private int age;
//getter and setter 方法
...
}
```

如果想要获取 School 类型的属性 student 的 parentName 属性值，以及获取学校里学生的家长姓名，只能在 JSP 页面中加入 Java 脚本来实现，关键代码如下：

```jsp
<%
School school=(School)request.getAttribute("school");
Student student=(Student)school.getstudent();
String parentName=student.getparentName();
%>
```

在学习了 EL 表达式后再来处理同样类型的问题，可以直接使用如下代码来实现：

```jsp
${School.student.parentName}
```

在没有 EL 表达式之前，开发 JSP 程序经常需要将大量的 Java 代码嵌入 JSP 页面中，整个 JSP 页面看上去异常凌乱，不易维护。使用 EL 表达式会使页面变得更加简洁。

7.1.2 EL 的运算符

EL 提供了多种运算符，根据运算方式不同，EL 的运算符包括以下几种。

1. 点运算符 (.)

点运算符用于访问 JSP 页面中对象的属性，如 JavaBean 对象、List 集合、Array 数组等，其语法格式如下：

${user.name}

表达式 ${user.name} 是访问 user 对象中的 name 属性。

2. 方括号运算符 ([ ])

方括号运算符用于访问 JSP 页面中对象的属性，与点运算符的功能相同。但当获取的属性名中包含特殊符号 (非字母或数字)，只能使用方括号运算符来访问，其语法格式如下：

${user["name"]}

3. 算术运算符

算术运算符用于对整数和浮点数的值进行算术运算。表 7-1 罗列了 EL 中的算术运算符。

表 7-1　算术运算符

算术运算符	说　明	举　例	结　果
+	加	${11+12}	23
-	减	${15-5}	10
*	乘	${2*5}	10
/ 或 div	除	${10/2} 或 ${10 div 2}	5
% 或 mod	取模 (取余)	${10%2} 或 ${10 mod 2}	0

注意：使用算术运算符时，"-" 既可以作为减号也可以作为负号；"/" 或 "div" 在进行除法运算时，商为小数。

4. 比较运算符

比较运算符用于比较两个数的大小。这个数可以是常量、EL 变量或表达式，比较运算符执行的结果都是布尔类型。表 7-2 罗列了 EL 中的比较运算符。

表 7-2　比较运算符

比较运算符	说　明	举　例	结　果
== 或 eq	等于	${2==3} 或 ${2 eq 3}	true
!= 或 ne	不等于	${2!=3} 或 ${2 ne 3}	false
< 或 lt	小于	${2 < 3} 或 ${2 lt 3}	true
> 或 gt	大于	${2 > 3} 或 ${2 gt 3}	false
<= 或 le	小于等于	${2<=3} 或 ${2 le 3}	true
>= 或 ge	大于等于	${2>=3} 或 ${2 ge 3}	false

5. 逻辑运算符

逻辑运算符用于对结果为布尔类型的表达式进行运算。表 7-3 罗列了 EL 中的逻辑运算符。

表 7-3   逻辑运算符

逻辑运算符	说　明	举　　例	结　果
&& 或 and	与	${true&&false} 或 ${true and false}	false
|| 或 or	或	${false||true} 或 ${false or true}	true
! 或 not	非	${!true} 或 ${not true}	false

6. empty 运算符

empty 运算符用于判断某个对象是否为空，若为空，输出 true，不为空，输出 false。其基本语法格式如下：

   ${empty abc}

以下三种情况为空 (在原本的 key 之前加 empty 关键字)：

(1) 值为 null、空串。

(2) 值为 Object 类型的数组且长度为 0 (注：其他类型的长度为 0 的数组值为非空)。

(3) List、Map 集合元素个数为 0。

7. 条件运算符

条件运算符用于执行某种条件判断。其语法格式如下：

   ${A?B:C}

8. "( )" 运算符

EL 表达式中的运算符都有不同的运算优先级，运算符必须按照各自优先级的大小进行运算。若表达式里添加了圆括号，括号里面的先进行运算，圆括号可以改变其他运算符的优先级。表 7-4 罗列了 EL 中的运算符优先级。

表 7-4   运算符的优先级

优 先 级	运　算　符
1	[]
2	()
3	-(unary)、not、!、empty
4	*、/、div、%、mod
5	+、-(binary)
6	<、>、<=、>=、lt、gt、le、ge
7	==、!=、eq、ne
8	&&、and
9	||、or
10	?:

7.1.3   EL 的隐式对象

EL 表达式中的 11 个隐含对象是 EL 表达式自己定义的，可以直接使用。表 7-5 罗列了 EL 中的隐式对象。

表 7-5　EL 中的隐式对象

名　称	作　用
pageContext	可以获取 JSP 中的 9 大内置对象
pageScope	可以获取 pageContect 域中的数据
requestScope	可以获取 request 域中的数据
sessionScope	可以获取 session 域中的数据
applicationScope	可以获取 servletContect 域中的数据
Param	可以获取请求参数的值
paramValues	可以获取请求参数的值（多个）
Header	可以获取请求头部信息
HeaderValues	可以获取请求头字段信息（多个）
Cookie	可以获取当前请求的 Cookie 信息
initParam	可以获取在 web.xml 中配置的 <context-param> 参数

【例 7-1】应用 pageContext 隐式对象，获取 response 对象中的 characterEncoding 属性。创建 7-1.jsp 文件，具体代码如下：

```
<%@ page language="java" import="java.util.*" pageEncoding="utf-8"%>
<html>
 <body>
  请求 URL 为：${pageContext.request.requestURI}<br>
  Content-Type 响应头：${pageContext.response.contentType}<br>
  服务器信息：${pageContext.servletContext.serverInfo}<br>
  Serlet 注册名：${pageContext.servletConfig.servletName}<br>
 </body>
</html>
```

例 7-1 的运行结果如图 7-1 所示。

```
http://localhost:8080/07/7-1.jsp

请求URL为：/07/7-1.jsp
Content-Type响应头：text/html;charset=utf-8
服务器信息：Apache Tomcat/6.0.13
Serlet注册名：  jsp
```

◆ 图 7-1　例 7-1 的运行结果

EL 表达式为了获取指定域中的数据，提供了 4 个隐式对象，分别为 pageScope、requestScope、sessionScope、applicationScope。

注意：EL 表达式只能在这 4 个作用域中获取数据。

【例 7-2】演示 EL 表达式 4 个隐式对象如何访问 JSP 域对象中的属性。创建 7-2.jsp 文件，具体代码如下：

```
<%@ page language="java" import="java.util.*" pageEncoding="utf-8"%>
<html>
  <body>
  <% pageContext.setAttribute("userName","top1");%>
  <% request.setAttribute("bookName","Java Web");%>
  <% session.setAttribute("userName","top2");%>
  <% application.setAttribute("bookName","Java 基础 ");%>
  表达式 \${pageScope.userName} 的值为：${ pageScope.userName}<br>
  表达式 \${requestScope.bookName} 的值为：${requestScope.bookName}<br>
  表达式 \${sessionScope.userName} 的值为：${ sessionScope.userName}<br>
  表达式 \${applicationScope.bookName} 的值为：${applicationScope.bookName}<br>
  <br/>
  表达式 \${userName} 的值为：${ userName}
  </body>
</html>
```

例 7-2 的运行结果如图 7-2 所示。

```
http://localhost:8080/07/7-2.jsp
```
表达式${pageScope.userName}的值为：top1
表达式${requestScope.bookName}的值为：Java Web
表达式${sessionScope.userName}的值为：top2
表达式${applicationScope.bookName}的值为：Java 基础

表达式${userName}的值为：top1

◆ 图 7-2　例 7-2 的运行结果

7.2　JSTL

7.2.1　JSTL 介绍

JSTL(Java Server Pages Standard Tag Library，即 JSP 标准标签库) 是一个 JSP 标签集合，它封装了 JSP 应用的通用核心功能。JSTL 支持通用的、结构化的任务，如迭代、条件判断、XML 文档操作、国际化标签、SQL 标签。除了这些，它还提供了一个框架来使用集成 JSTL 的自定义标签。这个标签库由 5 个功能不同的标签库组成，表 7-6 罗列了 JSTL 包含的标签库。

表 7-6　JSTL 包含的标签库

标　签　库	前　　缀
Core	c
I18N	fmt
SQL	sql
XML	x
Function	fn

Core 是核心标签库，包含了实现 Web 语言中通用操作的标签。

I18N 是国际化 / 格式化标签库，包含实现 Web 应用程序的国际化标签和格式化标签。

SQL 是数据库标签库，包含了用于访问数据库和对数据库中的数据进行相关操作的标签。

XML 是操作 XML 文档的标签库，包含对 XML 文档中的数据进行操作的标签。

Function 是函数标签库，提供了一套自定义 EL 函数，包含了 JSP 网页制作经常要用到的字符串操作。

7.2.2　JSTL 的下载和简单测试

要使用 JSTL，首先要先下载好 jar 包，可以访问 https://archive.apache.org/dist/jakarta/taglibs/standard/binaries/ 网址，找到 JSTL 的安装包 jakarta-taglibs-standard-1.1.2.zip 下载并解压，然后可以看到 lib 文件夹下两个 jar 文件 (jstl.jar 和 standard.jar)。将这两个文件复制到对应项目的 lib 目录下即可。

【例 7-3】检测 JSP 文件是否可以使用 JSTL 标签库。在测试中使用 <c:out> 标签，用 taglib 指令导入 Core 标签库。编写一个简单的 test.jsp 页面，具体代码如下：

```
<%@ page language="java" import="java.util.*" pageEncoding="utf-8"%>
<%@ taglib uri="http://java.sun.com/jsp/jst1/core" prefix="c"%>
<!DOCTYPE HTML PUBLIC "-//W3C//DTD HTML 4.01 Transitional//EN">
<html>
  <body>
   <c: out  value="Hello World!"></c: out>
  </body>
</html>
```

例 7-3 的运行结果如图 7-3 所示。

Hello World!

◆ 图 7-3　例 7-3 的运行结果

通过前面的讲解可以知道 JSTL 包含 5 个标签库，具体标签库中通用标签在此不进行详细介绍，感兴趣的读者可自行翻阅相关资源学习。

7.3 实 战 案 例

【**实战案例 7-1**】 选择任意表达式数据，进行三元运算练习，如 12 != 12？相等：不相等。
具体代码如下：

```jsp
<%@ page language="java" import="java.util.*" pageEncoding="utf-8"%>
<html>
 <body>
  <%
    request.setAttribute("emptyNull", null);                //1. 值为 null 值
    request.setAttribute("emptyStr", "");                   //2. 值为空串
    request.setAttribute("emptyArr", new Object[]{});       //3. 值是 Object 类型数组，长度为零
    List<String> list = new ArrayList();
    request.setAttribute("emptyList", list);                //4.list 集合，元素个数为零
    Map<String,Object> map = new HashMap<String, Object>();    //5.map 集合，元素个数为零
    request.setAttribute("emptyMap", map);
    request.setAttribute("emptyIntArr", new int[]{});       //6. 其他类型数组，长度为零
  %>
  ${ empty emptyNull } <br/>
  ${ empty emptyStr } <br/>
  ${ empty emptyArr } <br/>
  ${ empty emptyList } <br/>
  ${ empty emptyMap } <br/>
  ${ empty emptyIntArr} <br/>
  <%-- 三元运算  --%>
  ${ 12 != 12？" 相等 ":" 不相等 " }
 </body>
</html>
```

实战案例 7-1 的运行结果如图 7-4 所示。

```
true
true
true
true
true
false
不相等
```

◆ 图 7-4 三元运算

【**实战案例 7-2**】点运算和方括号运算实例练习：点运算可以输出某个对象的属性值 (getXxx 或 isXxx 方法返回的值)；方括号运算可以输出有序集合中某个元素的值。注：方括号运算可以输出 Map 集合中 key 里含有特殊字符的 key 值。具体代码如下。

```
<%@ page language="java" import="java.util.*" pageEncoding="utf-8"%>
<html>
  <body>
   <%
      Map<String,Object> map = new HashMap<String, Object>();
      map.put("a.a.a", "aaaValue");
      map.put("b+b+b", "bbbValue");
      map.put("c-c-c", "cccValue");
      request.setAttribute("map", map);
   %>
   <%-- 特殊的 key 需要去掉最开始的 "." 并使用方括号和单引号 ( 双引号 ) 包起来 --%>
   ${ map['a.a.a'] } <br> <%-- 如果不加方括号则相当于三个 . 运算 --%> // 错误的是 ${map.a.a.a}
   ${ map["b+b+b"] } <br> <%-- 如果不加方括号则相当于三个 + 运算 --%>
   ${ map['c-c-c'] } <br> <%-- 如果不加方括号则相当于三个 - 运算 --%>
  </body>
</html>
```

实战案例 7-2 的运行结果如图 7-5 所示。

aaaValue
//错误的是 bbbValue
cccValue

◆ 图 7-5　点运算和方括号运算

【**实战案例 7-3**】使用 pageContext 对象结合 EL 表达式输出对应协议、服务器 IP、服务器端口、工程路径、请求方法、客户端 IP 地址、会话的 ID 编号。具体代码如下：

```
<%@ page language="java" import="java.util.*" pageEncoding="utf-8"%>
<!DOCTYPE HTML PUBLIC "-//W3C//DTD HTML 4.01 Transitional//EN">
<html>
  <body>
<%--
request.getScheme() 获取请求的协议
request.getServerName() 获取请求的服务器 IP 或域名
request.getServerPort() 获取请求的服务器端口号
getContextPath() 获取当前工程路径
request.getMethod() 获取请求的方式 (GET 或 POST)
request.getRemoteHost() 获取客户端的 IP 地址
session.getId() 获取会话的唯一标识
```

```
--%>
<%
pageContext.setAttribute("req", request);
%>
<%=request.getScheme() %> <br>
```

1. 协议：${ req.scheme }

2. 服务器 IP：${ pageContext.request.serverName }

3. 服务器端口：${ pageContext.request.serverPort }

4. 获取工程路径：${ pageContext.request.contextPath }

5. 获取请求方法：${ pageContext.request.method }

6. 获取客户端 IP 地址：${ pageContext.request.remoteHost }

7. 获取会话的 ID 编号：${ pageContext.session.id }

```
</body>
</html>
```

实战案例 7-3 的运行结果图如图 7-6 所示。

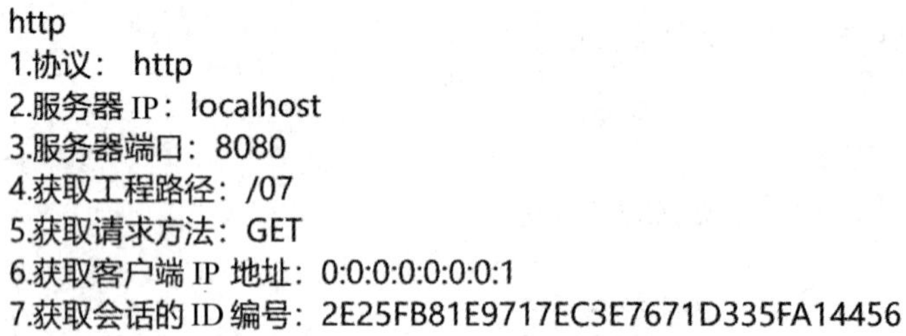

```
http
1.协议：  http
2.服务器 IP：localhost
3.服务器端口：8080
4.获取工程路径：/07
5.获取请求方法：GET
6.获取客户端 IP 地址：0:0:0:0:0:0:0:1
7.获取会话的 ID 编号：2E25FB81E9717EC3E7671D335FA14456
```

◆ 图 7-6   pageContext 对象输出

小　　结

　　本章主要介绍了 EL 表达式的概念、语法、运算符及隐式对象，以及 JSTL 的概念、下载和基本用法。通过本章的学习，读者能够了解什么是 EL 表达式和 JSTL，可以熟练掌握 EL 表达式的基本语法格式、EL 中常见的隐式对象以及 JSTL 的基础用法。

习　　题

一、选择题

1. 下列说法正确的是 (　　)。

A. EL 表达式查找对象的范围依次是 request、pageContext、session、application

B. 当使用 EL 表达式输出对象的属性值时，如果属性值为空，则输出空白

C. 在指定了对象的查找范围情况下，如果在该范围内没有找到绑定的对象，则不会再去其他范围进行查找了

D. 当使用 EL 表达式输出 JavaBean 属性时，不允许使用下标的形式

2. 在编辑时禁用 EL 表达式的方式是 (　　)。

A. 使用 <% %>　　　　　　　　　　B. 使用 /* */

C. 使用 \　　　　　　　　　　　　　D. 使用 <!-- -->

3. 关于 EL 表达式语言，下列说法错误的是 (　　)。

A. EL 表达式中的变量要预先定义才能使用

B. 它的基本形式为 ${var}

C. 只有在 JSP 文件中才能使用 EL 语言，在 Servlet 类的程序代码中通常不使用它

D. 它能使 JSP 文件的代码更加简洁

4. 下面选项中，与"request.getAttribute("p");"等效的 EL 表达式是 (　　)。

A. ${request.p}　　　　　　　　　　B. ${param.p}

C. ${requestScope.p}　　　　　　　　D. ${paramValues.p}

5. ${(1==2)?3:4} 的返回结果是 (　　)。

A. true　　　　　　　　　　　　　　B. false

C. 3　　　　　　　　　　　　　　　　D. 4

二、上机实践

完成本章实战案例。

习题答案

第 8 章　使用 JDBC 技术访问数据库

学习目标

- 识记 JDBC 相关编程接口。
- 掌握使用 JDBC 访问数据库的步骤。
- 掌握验证用户信息的步骤。
- 掌握添加用户信息进行注册的步骤。
- 掌握添加其他网页信息的方法。
- 掌握使用 JDBC 技术浏览数据库中表内容的方法。
- 掌握显示信息的步骤。

思政目标

- 养成自觉遵守规则、诚实守信的优良品德。
- 重视数据库设计中的数据安全性，学习工匠精神，尊重软件开发的标准。
- 在课堂教学中以携程网数据泄露事件为例，引导学生深刻认识到保护个人隐私的重要性。

8.1　JDBC 技术概述

　　JDBC 是一种可用于执行 SQL 语句的 Java API。它由一些 Java 语言编写的类和界面组成。JDBC 为数据库应用开发人员、数据库前台工具开发人员提供了一种标准的应用程序设计接口，使开发人员可以用 Java 语言编写完整的数据库应用程序。

　　开发人员可以使用 JDBC 方便地将 SQL 语句传送给任何一种数据库。

　　简单地说，JDBC 就是用 Java 语言来操作不同数据库 (如 MySQL、Oracle、SQL Server 等数据库) 的接口，这个接口由各个数据库厂商实现。因此，Java 语言可以通过 JDBC 操作各个数据库。图 8-1 为 JDBC 的体系结构。

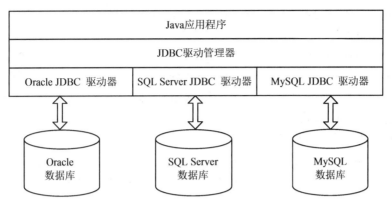

◆ 图 8-1　JDBC 的体系结构

JDBC 具有一个非常独特的动态连接结构，可使系统模块化。使用 JDBC 完成对数据库的访问需要 4 个主要组件，即 Java 应用程序、JDBC 驱动管理器、驱动器和数据源。

JDBC API 是 Java 程序语言的应用程序接口，它提供数据访问的基本功能。开发人员使用 JDBC API 包中的类，能够完成基本的数据库操作。使用 JDBC 技术操作数据库接口或类包括以下几种方法 .

(1) java.sql.DriverManager：依据数据库的不同，管理 JDBC 驱动。

(2) java.sql.Connection：负责连接数据库并担任传送数据的任务。

(3) java.sql.Statement：由 Connection 产生，负责执行 SQL 语句。

(4) java.sql.ResultSet：负责保存执行 Statement 后产生的查询结果。

8.2　使用 JDBC 技术进行数据库编程的步骤

使用 JDBC 技术进行数据库编程的步骤大致为装载驱动程序，建立与数据库的连接，向数据库发送 SQL 语句，处理数据库返回的结果。

下面详细介绍这 4 个步骤。

1. 装载驱动程序

为了与特定的数据库建立连接，JDBC 必须加载相应的驱动程序。使用 Class.forName() 方法将驱动程序添加到 java.lang.System 的 jdbc.Drivers 属性中。以下是加载 MySQL 驱动程序的方法：

```
public static String driver="com.mysql.jdbc.Driver";
Class.forName(driver);
```

2. 建立与数据库的连接

与数据库建立连接可以通过调用 DriverManager.getConnection() 方法来实现，Connection 接口代表与数据库的连接。以下是用 Java 驱动连接方法连接 MySQL 数据库的方法：

```
public static String url="jdbc:mysql://localhost:3306/ 数据库名 ";
public static String dbUser = "root";
public static String dbPwd = "root";
Connection con = DriverManager.getConnection(url,dbUser,dbPwd);
```

其中，url 是数据库的地址，包括数据库所在主机的 IP 地址，或者主机名、端口号以及数据库的名称；dbUser 表示连接数据库时的用户名；dbPwd 表示连接数据库时的密码。安装 MySQL 时的用户名和密码均为"root"，也可以设置为其他。

当使用 getConnection() 方法时，DriverManager 返回一个 Connection 类型的对象。

另外，建立连接时应捕获 SQLException 异常，具体代码格式如下：

```
Try
{
Connection con = DriverManager.getConnection(url,dbUser,dbPwd);
}
catch(SQLException e)
{
    …// 异常处理
}
```

经过以上两个步骤就可以建立与数据库的连接了。

为了将 MyEclipse 中开发的应用程序连接到 MySQL 数据库，需要从相关网站下载 JDBC driver for MySQL，得到一个 mysql-connector-java-5.1.7-bin.jar 文件。在 MyEclipse 的 Java Bulid Path 中，导入解压得到的 mysql-connector-java-5.1.7-bin.jar 文件，右击工程，选择 Properties。

然后在弹出的如图 8-2 所示的对话框中选择 Java Build Path，点击 Libraries 标签，并选择 Add External JARs 导入 mysql-connector-java-5.1.7-bin.jar 文件，最后击 OK 按钮。

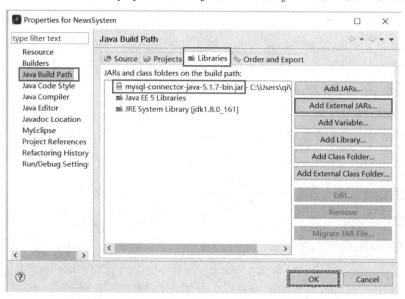

◆ 图 8-2　在 Java Build Path 中导入外部 jar 文件

3. 向数据库发送 SQL 语句

建立连接后，可使用该连接创建 Statement 或者 PreparedStatement，并将 SQL 语句传递给它所连接的数据库。

1) Statement

获取 Connection 对象后即可进行数据库操作。使用 Connection 对象可以生成 Statement 对象，代码如下：

```
Statement st=conn.createStatement();
```

Statement 接口中包含很多基本的数据库操作方法，最常用的两种方法如下：

(1) ResultSet rs=st.excuteQuery(sql)。其中，SQL 仅仅是查询语句，如 "select*from user where name='aa'"。此方法返回的是 ResultSet 类型对象，它包含执行 SQL 查询的结果。

(2) int i=st.excuteUpdate(sql)。其中，SQL 仅仅是更新语句，即 update、insert、delete 等 SQL 语句。此方法返回的是一个整数，表示成功执行更新的行数。如果没有更新成功，则返回 -1。

2) PreparedStatement

PreparedStatement 接口继承自 Statement 接口，PreparedStatement 接口比 Statement 接口用起来更加灵活，更有效率。PreparedStatement 类型的对象其实已经包含预编译过的 SQL 语句，该 SQL 语句可具有一个或者多个输入参数，这些输入参数的值在 SQL 语句创建时未被指定，而是为每个参数保留一个问号（"?"）作为占位符。例如：

```
PreparedStatement ps=conn.prepareStatement("select * from user where name=? and password=?");
ps.setString(1," 张杰 ");
ps.setInt(2,"123");
```

这里假设 user 的 name 字段类型为字符串类型，而 password 字段类型为整型，conn 是数据库连接阶段产生的 Connection 类型的对象。这样就把第一个 "?" 的值设置为 "张杰"，第二个 "?" 的值设置为 123。由于 PreparedStatement 对象已经预编译过，其执行速度要快于 Statement 对象，因此多次执行的 SQL 语句应被创建为 PreparedStatement 对象，以提高效率。

PreparedStatement 接口中包含很多基本的数据库操作方法，和 Statement 类似，最常用的两种方法如下：

(1) ResultSet rs=ps.excuteQuery()。其中，SQL 仅仅是查询语句，如 "select * from user where name='aa'"。此方法返回的是 ResultSet 类型对象，它包含执行 SQL 查询的结果。

(2) int i=ps.excuteUpdate()。其中，SQL 仅仅是更新语句，即 update、insert、delete 等 SQL 语句。

注意： PreparedStatement 的这两种方法内是没有参数的。

4. 处理数据库返回的结果

前面已经获取了 rs 对象，下面就可以通过 rs 对象来获取数据表中每一列的数据了。如果该列数据是字符串类型，则可以调用 rs.getString(序列号) 来获取，其中第一列的序列号为 1，其他按顺序获取；如果该列数据是整型变量，则可以调用 rs.getInt(序列号) 来获取。

8.3 JDBC 的应用

本节通过一个综合示例来演示如何使用 JDBC 技术连接 MySQL 数据库，以及如何对数据库进行增、删、改、查等一系列的操作。该示例中连接的是本机上的数据库 my，访问的是 my 数据库中的 user 表，user 表记录了一些用户信息，包括用户名和密码等，其结构和内容如图 8-3 所示，其中字段 name 是主键。

name	password	sex	aihao	zhuanye	photo	jianjie
aa	11	(Null)	(Null)	(Null)	(Null)	(Null)
bb	22	(Null)	(Null)	(Null)	(Null)	(Null)
cc	33	(Null)	(Null)	(Null)	(Null)	(Null)
dd	44	男	读书,音乐,运动,	软件技术	my.png	有上进心
苏州托普学院	123	女	读书,音乐,	计算机应用技术	my.png	有孝心

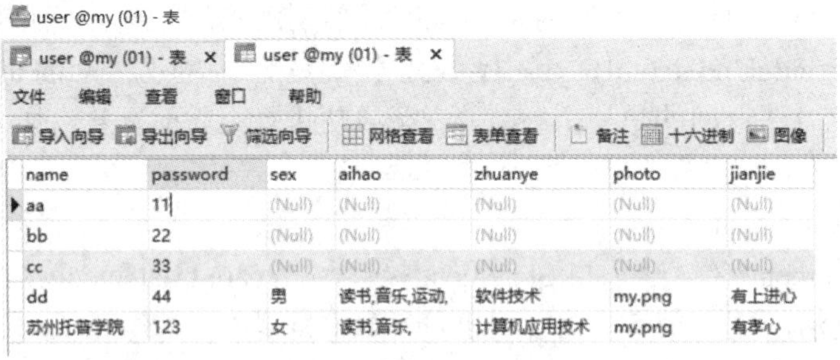

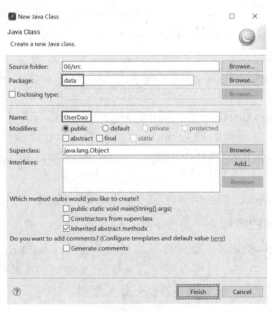

◆ 图 8-3 user 表的结构和内容

【例 8-1】对 my 数据库中的 user 表进行增、删、改、查操作。具体操作步骤如下：

(1) 按照图 8-3 创建数据库及数据库表。

(2) 打开 MyEclipse，单击菜单栏中的 File → New → Java Project 选项，新建一个名为“06”的项目；右击 src 文件夹，选择 New → Package 选项，创建 data 包；右击 data 文件夹，选择 New → Class 选项，打开如图 8-4 所示的对话框；在 Name 文本框中输入类名 UserDao，单击 Finish 按钮，完成类的创建。

◆ 图 8-4 创建类 UserDao.java

(3) 输 入 下 面 的 代 码，分 别 实 现 findAllUsers()、findByName(String name)、findBy
NamePsw(String name，String psw)、changePassword(String newPass，String name)、
insertUser(String name，String psw，String sex，String aihao，String zhuanye，String photo，
String jianjie)、deleteUser(String name) 等六个方法。

```java
package data;
import java.sql.*;
public class UserDao {
    public static String driver="com.mysql.jdbc.Driver";          // 驱动名称
    public static String url="jdbc:mysql://localhost:3306/my";    //my 是数据库名称
    public static String dbUser="root";
    public static String dbPwd="root";
    public static Connection conn=null;
    public static Statement st=null;
    public static ResultSet rs=null;
    public static PreparedStatement ps=null;
    public UserDao(){
        try {
            Class.forName(driver);                                // 加载驱动
            conn=DriverManager.getConnection(url,dbUser,dbPwd);   // 创建连接对象
            System.out.println(" 数据库连接成功！ ");
        } catch (ClassNotFoundException e) {
            System.out.println(" 驱动类未找到："+e);
        } catch (SQLException e) {
            System.out.println(" 连接对象创建失败："+e);
        }
    }
    /* 查询所有的用户信息 */
    public void findAllUsers(){
        String sql="select * from user";
        try {
            st=conn.createStatement();
            rs=st.executeQuery(sql);
            System.out.println(" 有下列用户: ");
            while(rs.next())
            {
                System.out.println(" 用户名 :"+rs.getString("name"));
                System.out.println(" 用户密码 :"+rs.getString(2));
```

```
        /*  System.out.println(" 性别: "+rs.getString(3));
            System.out.println(" 爱好: "+rs.getString(4));
            System.out.println(" 专业 "+rs.getString(5));
            System.out.println(" 照片: "+rs.getString(6));
            System.out.println(" 个人简介: "+rs.getString7));   */
        }
    } catch (SQLException e) {
        System.out.println(" 未找到任何用户: "+e);
    }
}
/* 根据用户名查找 */
public ResultSet findByName(String name){
    String sql="select * from user where name=?";
    try {
        ps=conn.prepareStatement(sql);
        ps.setString(1, name);
        rs=ps.executeQuery();
    } catch (SQLException e) {
        System.out.println(" 未找到该用户: "+e);
    }
    return rs;
}
/* 根据用户名和密码查找 */
public ResultSet findByNamePsw(String name,String psw){
    String sql="select * from user where name=? and password=?";
    try {
        ps=conn.prepareStatement(sql);
        ps.setString(1, name);
        ps.setString(2, psw);
        rs=ps.executeQuery();
    } catch (SQLException e) {
        System.out.println(" 未找到该用户信息: "+e);
    }
    return rs;
}
/* 为某用户修改用户密码 */
public void changePassword(String newPass,String name)
{
```

```java
        String sql = "update user set password=? where name=?";
    try {
        ps = conn.prepareStatement(sql);
        ps.setString(1, newPass);
        ps.setString(2, name);
        int i= ps.executeUpdate();
        if(i>0) {
            System.out.println(" 用户密码修改成功！ ");
        }
        else{
            System.out.println(" 用户密码修改失败！ ");
        }
    } catch (SQLException e) {
        e.printStackTrace();
    }
}
/* 添加一个新的用户信息的方法 */
public int insertUser(String name,String psw,String sex,
            String aihao,String zhuanye,String photo,String jianjie){
    String sql="insert into user values(?,?,?,?,?,?,?)";
    int i=0;
    try {
        ps=conn.prepareStatement(sql);
        ps.setString(1, name);
        ps.setString(2, psw);
        ps.setString(3, sex);
        ps.setString(4, aihao);
        ps.setString(5, zhuanye);
        ps.setString(6, photo);
        ps.setString(7, jianjie);
        i=ps.executeUpdate();
    if(i>0) {
        System.out.println(" 插入新用户成功！ ");
    }
    else{
        System.out.println(" 插入新用户失败！ ");
    }
    } catch (SQLException e) {
```

```java
            // TODO Auto-generated catch block
            e.printStackTrace();
        }
        return i;
    }
/* 根据用户名删除用户 */
public void deleteUser(String name)
{
    String sql = "delete from user where name=?";
        try {
        ps = conn.prepareStatement(sql);
        ps.setString(1, name);
        int i= ps.executeUpdate();
        if(i>0) {
            System.out.println(" 删除用户成功！ ");
        }
        else{
            System.out.println(" 删除用户失败 !");
        }
    } catch (SQLException e) {
        e.printStackTrace();
    }
}
/* 关闭数据库资源 */
public void closeAll( ) {
    if(rs != null){       // 如果 rs 不空，则关闭 rs
        try {
            rs.close();
        } catch (SQLException e) {
            // TODO Auto-generated catch block
            e.printStackTrace();
        }
    }
    if(ps!= null){       // 如果 ps 不空，则关闭 ps
        try {
                ps.close();
            } catch (SQLException e) {
                // TODO Auto-generated catch block
```

```
                        e.printStackTrace();
                    }
                }
            if(st != null){
                try {
                        st.close();
                    } catch (SQLException e) {
                        // TODO Auto-generated catch block
                        e.printStackTrace();
                    }
                }
            if(conn != null){        // 如果 conn 不空，则关闭 conn
                try {
                        conn.close();
                    } catch (SQLException e) {
                        // TODO Auto-generated catch block
                        e.printStackTrace();
                    }
                }
            }
        public static void main(String args[])
        {
            UserDao ud=new UserDao();
            ud.findAllUsers();
            ud.findByName(" 苏州托普学院 ");
            ud.changePassword("aa", "123456");
            ud.insertUser("ee", "55", " 女 ", " 读书 , 音乐 , 运动 ,", " 人工智能技术 ", "my.png", " 我喜欢利用
人工智能来改变生活！ ");
            ud.deleteUser("dd");
            ud.closeAll();
        }
    }
```

(4) 选中类 UserDao.java 文件，右击，打开如图 8-5 所示快捷菜单，依次选择 Run
As → 1 Java Application 选项，即可运行 UserDao.java 程序。

结果出现如图 8-6 所示的"驱动类未找到"错误界面。此时根据图 8-7 中的显示，将
MySQL 数据库的 JDBC 驱动包复制到项目 WebRoot/WEB-INF/lib 文件夹中，即可解决这
个问题。

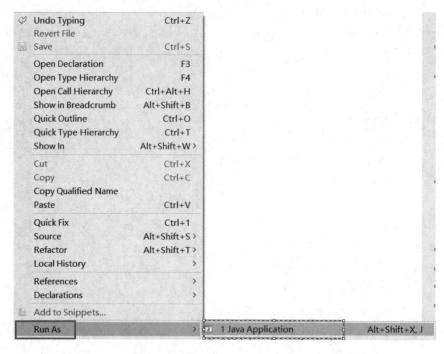

◆ 图 8-5　运行 UserDao.java

```
R Problems  Tasks  Web Browser  Console ⋈  Servers
<terminated> UserDao [Java Application] C:\Program Files\Java\jdk1.8.0_161\bin\javaw.exe (2023-5-18 下午05:57:13)
Exception in thread "main" 驱动类未找到: java.lang.ClassNotFoundException: com.mysql.jdbc.Driver
java.lang.NullPointerException
        at data.UserDao.findAllUsers(UserDao.java:35)
        at data.UserDao.main(UserDao.java:185)
```

◆ 图 8-6　运行错误

```
∨ 📂 06
  ∨ 🗁 src
    ∨ 🌐 data
      > 🗋 UserDao.java
  > 📚 JRE System Library [jdk1.8.0_161]
  > 📚 Java EE 5 Libraries
  > 📚 Referenced Libraries
  ∨ 🗁 WebRoot
    > 🗁 META-INF
    ∨ 🗁 WEB-INF
      ∨ 🗁 lib
          📄 mysql-connector-java-5.1.7-bin.jar
        📄 web.xml
      📄 index.jsp
```

◆ 图 8-7　MySQL Jar 包的添加

随后出现如图 8-8 所示的正确运行结果界面。

◆ 图 8-8　例 8-1 的运行结果

下面详细介绍示例代码。

"import java.sql.*;"语句用于引入 java.sql 包中所有的类。凡是有连接数据库的操作，在程序中都应当引入该包，如 Connetion 接口、Statement 接口、PreparedStatement 接口、ResultSet 接口都属于该包。

"Class.forName(driver); conn = DriverManager.getConnection(url,dbUser,dbPwd);"语句用于加载 MySQL 的驱动程序。需要注意的是，不同的数据库程序，驱动类名是不一样的。后续通过 DriverManager 类来连接数据库。在连接数据库时，getConnection() 方法有 3 个参数，分别是数据库的 url、访问数据的用户名和密码。如果没有用户名和密码，这两项可以为空。在连接数据库时，有可能出现 ClassNotFound 异常，因此要把这段代码放入 try 语句块中，对其进行捕获和处理。

在查找所有的用户信息操作中，用到了 Statement 接口来执行 SQL 语句。"String sql = "select * from user";"是查找表中所有记录的 SQL 语句。"st=conn.createStatement();"语句通过 Connection 类型对象的 createStatement() 方法来生成一个 Statement 类型的对象。"rs=st.executeQuery(sql);"语句通过 Statement 类型对象的 executeQuery(sql) 方法来执行之前的 SQL 语句，并得到一个 Resultset 类型的对象。因为该语句是查询语句，所以用的是 executeQuery() 方法，而不是 executeUpdate() 方法。后续通过遍历结果集，顺序访问每组数据表中的每条记录，并把记录当中的信息通过 getXxx() 方法读取出来，打印到控制台上。

在根据用户名查找的操作中，用到了 PreparedStatement 类型，该类型允许 SQL 语句接收参数，并且对 SQL 语句进行预编译。"String sql = "select * from user where name=?";"语句中 "?" 的值是通过 setXxx() 方法来确定的，因为本小段代码中的 SQL 属于查询语句，所以使用 PreparedStatement 提供的 executeQuery() 方法。

在为某用户修改用户密码的操作中，可以进行插入新用户的操作，也可以进行删除用户的操作。

查找所有用户信息、根据用户名查找具体的用户、为某用户修改用户密码这 3 小段代码，除 SQL 语句不一样之外，其他基本一样。由于这 3 小段代码中的 SQL 语句都属于数据库的更新操作，因此用的是 PreparedStatement 提供的 executeUpdate() 方法。

在关闭数据库资源的操作中，为了节约资源，应当在数据库使用完之后完成相应资源的关闭操作。

在 main() 中，创建了一个 UserDao 类的对象，并且依次调用了各个数据库操作的方法。从结果中可以看到，例 8-1 实现了对 user 表中所有记录的查询操作，以及根据某个字段查询相关记录、修改记录、插入记录、删除记录的一系列操作。

另外，需要注意的是，凡涉及数据库操作，都有可能出现 SQLException 异常，因此要对该异常进行捕获和处理。

8.4　使用 JDBC 技术实现用户登录、注册及修改

8.4.1　开发任务

使用 JDBC 技术升级新闻发布系统，从而实现对数据库的读写操作，具体开发任务如下：
(1) 创建新闻发布系统数据库和数据库表。
(2) 优化 UserDao.java 数据库访问类，从中抽取公共代码封装于 BaseDao.java 类中，用于连接、关闭数据库，执行 SQL 语句。
(3) 定义 UserDao 用户访问数据的接口。
(4) 利用数据库连接类，实现 DAO 接口 UserDao。

本节开发任务的训练技能点包括：会使用 JDBC 技术连接数据库；会使用 PreparedStatement 执行数据库表的增、删、改、查操作；会用面向接口的编程方式编程；会使用 ResultSet 处理查询结果。

8.4.2　后台实现

1. 创建数据表

创建 user 表和 news 表 (前面已经创建了 user 表)，其结构分别如图 8-9 和图 8-10 所示。

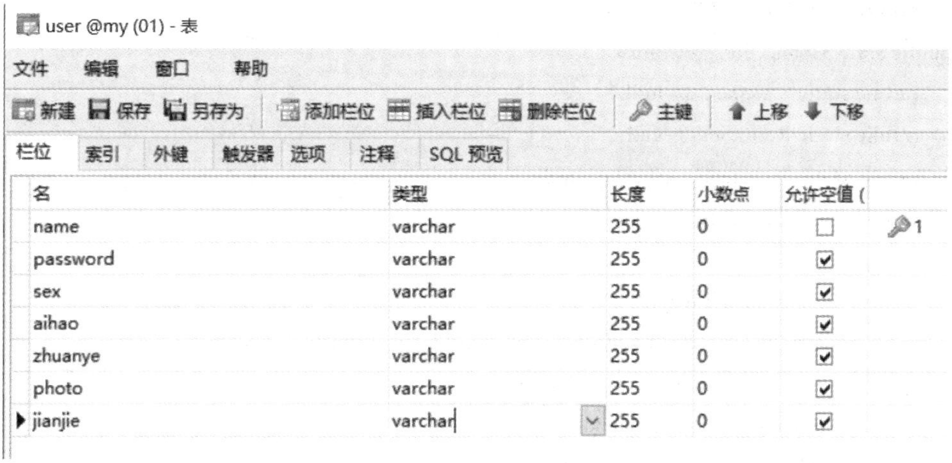

◆ 图 8-9　user 表结构

◆ 图 8-10　news 表结构

2. 优化创建数据库访问类

优化 UserDao.java 数据库访问类，从中抽取公共代码封装于 BaseDao.java 类中，用于连接、关闭数据库，执行 SQL 语句。

在之前的 data 包中，创建数据库连接类 BaseDao.java。由于数据库的连接、关闭、执行 SQL 语句等操作比较频繁，因此专门编写了数据库连接类 BaseDao.java，封装了数据库连接方法 getConn()、释放所有资源方法 closeAll()、执行 SQL 语句方法 executeSQL()，方便以后调用。BaseDao.java 的具体代码如下：

```
package data;
import java.sql.*;
public class BaseDao {
    public static String driver="com.mysql.jdbc.Driver";           // 驱动名称
    public static String url="jdbc:mysql://localhost:3306/my";     //my 是数据库名称
    public static String dbUser="root";
```

```java
        public static String dbPwd="root";
    public static Connection conn=null;
        public static Statement st=null;
        public static ResultSet rs=null;
        public static PreparedStatement ps=null;
        public Connection getConn(){
            try {
                Class.forName(driver);                              // 加载驱动
                conn=DriverManager.getConnection(url,dbUser,dbPwd);  // 创建连接对象
                System.out.println(" 数据库连接成功！ ");
            } catch (ClassNotFoundException e) {
                // TODO Auto-generated catch block
                //e.printStackTrace();
                System.out.println(" 驱动类未找到： "+e);
            } catch (SQLException e) {
                // TODO Auto-generated catch block
                //e.printStackTrace();
                System.out.println(" 连接对象创建失败： "+e);
            }
            return conn;
        }
        /* 关闭数据库资源 */
    public void closeAll(){
        if(rs != null){        // 如果 rs 不空，则关闭 rs
            try {
                rs.close();
            } catch (SQLException e) {
                // TODO Auto-generated catch block
                e.printStackTrace();
            }
        }
        if(ps!= null){        // 如果 ps 不空，则关闭 ps
            try {
                    ps.close();
                } catch (SQLException e) {
                    // TODO Auto-generated catch block
                    e.printStackTrace();
                }
        }
```

```
        if(conn != null){        // 如果 conn 不空，则关闭 conn
            try {
                conn.close();
            } catch (SQLException e) {
                // TODO Auto-generated catch block
                e.printStackTrace();
            }
        }
    }
    /* 执行 SQL 语句，实现增、删、改的操作。注意：不能执行查询 */
    public int executeSQL(String sql,String[] param)
    {
        Connection conn = null;
        PreparedStatement ps = null;
        int num = 0;
        /* 处理 SQL, 执行 SQL */
        try {
            conn=getConn();                       // 获取连接数据库的对象
            ps = conn.prepareStatement(sql);       // 得到 PreparedStatement 对象
            if( param != null ) {
                for( int i = 0; i < param.length; i++ ) {  // 为预编译 SQL 设置参数
                    ps.setString(i+1, param[i]);
                }
            }
            num = ps.executeUpdate();             // 执行 SQL 语句
        } catch (SQLException e) {
            e.printStackTrace();                   // 处理 SQLException 异常
        } finally {
            closeAll();                            // 释放资源
        }
        return num;
    }
}
```

3. 定义 UserDao 用户访问数据的接口

为了降低程序模块之间的耦合度，采用面向接口的编程方式，首先定义接口 UserDao，在接口中定义对用户的注册、删除、更新操作方法。右击 src 文件夹，选择 New → Package 选项，输入包名 util。右击 util 文件夹，选择 New → Interface 选项，打开如图 8-11 所示的对话框，在 Name 文本框中输入接口名 UserDao，单击 Finish，即可在 util 包下创建 UserDao 接口。

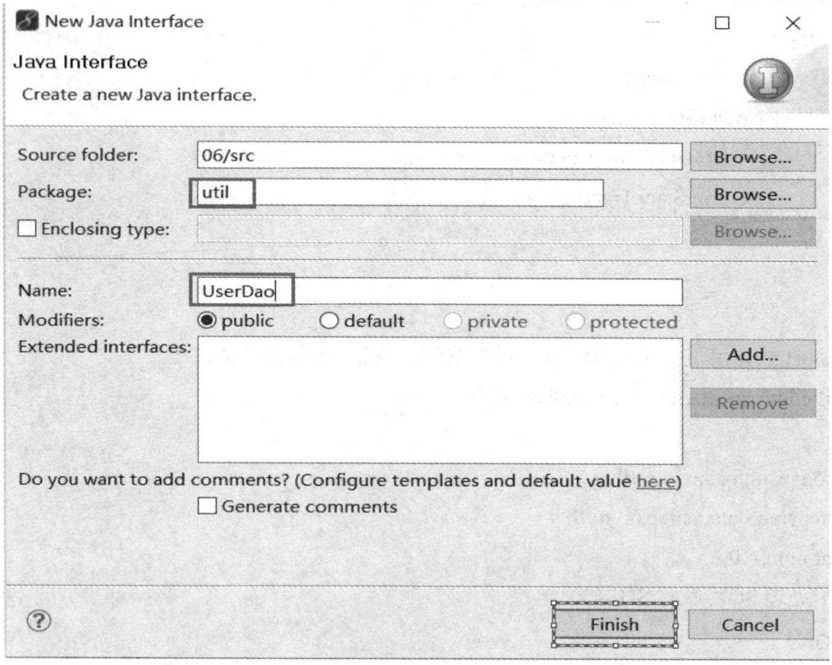

◆ 图 8-11   创建 UserDao 接口

具体代码如下：

```
package util;
public interface UserDao {
    public abstract int deleteUser(String name) ;
    public abstract int insertNewUser(String name, String password,String sex,String aihao,String
zhuanye,String photo,String jianjie);
    public abstract int updateUserPassword(String password, String name);
    public abstract int updateUser(String password,String sex,String aihao,String zhuanye,String
photo,String jianjie, String name);
    public abstract boolean userLogin(String name, String password);
    public abstract ResultSet findAllUsers();
    public abstract ResultSet findName(String name);
}
```

4. 创建实现类 UserDaoImpl

利用数据库连接类，在 util 包中创建类 UserDaoImpl，从而实现 util 包中的接口 UserDao。具体操作步骤如下。

(1) 右击 util 文件夹，弹出如图 8-12 所示的对话框，输入实现类和父类的名称，即可在 util 包下创建接口 UserDao 的具体实现类 UserDaoImpl。这个类继承 BaseDao 类，这样可以在实现类 UserDaoImpl 中直接使用父类中的连接数据库、释放资源等方法。

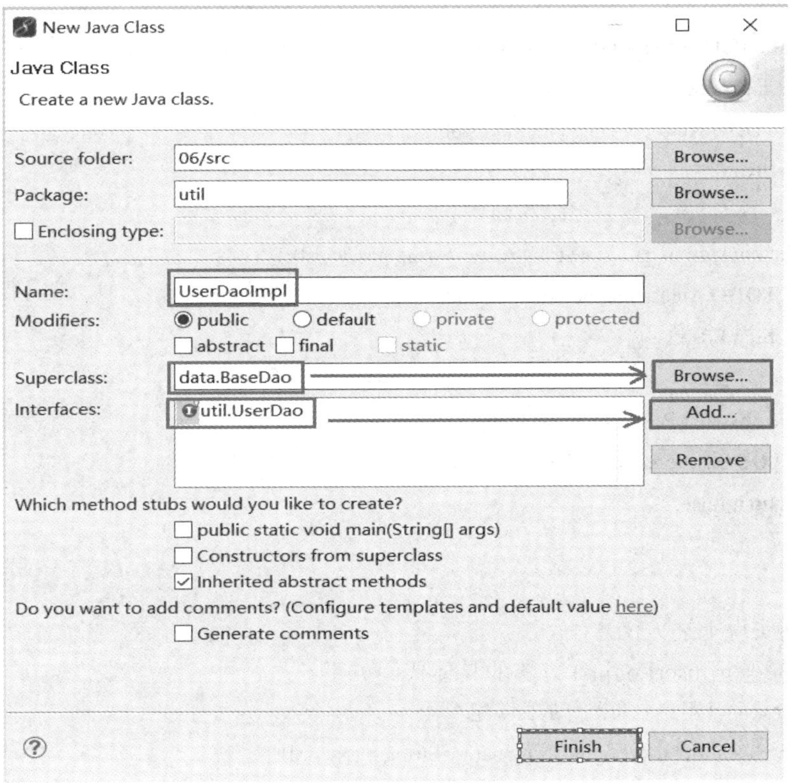

◆ 图 8-12 创建实现类 UserDaoImpl

(2) 在图 8-12 中单击 Browse 按钮选择已经创建的父类 data.BaseDao，再单击 Add 按钮选择已经创建的接口 util.UserDao，通过定义 UserDaoImpl 来实现这些接口。这样，可生成如下代码：

```java
package util;
import data.BaseDao;
public class UserDaoImpl extends BaseDao implements UserDao {
    public int deleteUser(String name) {
        // TODO Auto-generated method stub
        return 0;
    }
    public int insertNewUser(String name, String password,String sex,String aihao,String zhuanye,String photo,String jianjie){
        // TODO Auto-generated method stub
        return 0;
    }
    public int updateUserPassword(String password, String name) {
        // TODO Auto-generated method stub
        return 0;
```

```
        }
    public int updateUser(String password,String sex,String aihao,String zhuanye,String photo,String jianjie,
        String name){
        // TODO Auto-generated method stub
        return 0;
}

    public boolean userLogin(String name, String password) {
        // TODO Auto-generated method stub
        return false;
    }
    public abstract ResultSet findAllUsers(){
        / TODO Auto-generated method stub
        return false;
    }
}
```

(3) 分别实现上述方法。

用户登录验证 userLogin() 方法的具体代码如下：

/* 用户登录验证用户名和密码是否匹配 */

```
    public ResultSet userLogin(String name, String password) {
        // TODO Auto-generated method stub
        String sql = "select * from user where name=? and password=?";
        try
        {
            conn = this.getConn();
            ps = conn.prepareStatement(sql);
            ps.setString(1, name);
            ps.setString(2, password);
            rs= ps.executeQuery(); // 执行 SQL 语句
        }catch(Exception e)
        {
            e.printStackTrace();
        }
        return rs;
        }
```

删除用户 deleteUser() 方法的具体代码如下：

/* 根据用户名删除用户信息 */

```
    public int deleteUser(String name) {
        // TODO Auto-generated method stub
        String sql = "delete from user where name=?";
```

```
        String param[] = {name};
    int i = 0;
 try {
       i = this.executeSQL(sql, param);          // 直接使用 executeSQL 方法执行查询
      if(i>0) {
       System.out.println(" 删除用户成功！ ");
      }
      else{
        System.out.println(" 删除用户失败！ ");
      }
    } catch (Exception e) {
      e.printStackTrace();
    }
    return i;
       }
```

上述代码中，"i=**this**.executeSQL(sql, param);"语句使用了父类中的方法将 SQL 语句以及参数传递其中，直接返回执行 SQL 语句的结果，使得代码具有良好的重构性和共享性。

添加用户信息 insertNewUser() 方法的具体代码如下：

```
/* 添加用户信息 */
    public int insertNewUser(String name, String password,String sex,String aihao,String zhuanye,String
    photo,String jianjie) {
     String sql = "insert into user values(?,?,?,?,?,?,?)";
     String param[] = {name,password,sex,aihao,zhuanye,photo,jianjie};
     int i = 0;
     try {
       i = this.executeSQL(sql, param);          // 直接使用 executeSQL 方法执行查询
      if(i>0) {
       System.out.println(" 添加用户成功！ ");
      }
      else{
        System.out.println(" 添加用户失败！ ");
      }
    } catch (Exception e) {
      e.printStackTrace();
    }
    return i;
       }
```

根据用户名修改用户密码 updateUserPassword() 方法的具体代码如下：

```java
/* 根据用户名修改用户密码 */
public int updateUserPassword(String password, String name){
    String sql = "update user set password=? where name=?";
    String param[] = {password,name};
    int i = 0;
    try {
        i = this.executeSQL(sql, param);          // 直接使用 executeSQL 方法执行查询
        if(i>0) {
            System.out.println(" 修改用户密码成功！ ");
        }
        else{
            System.out.println(" 修改用户密码失败！ ");
        }
    } catch (Exception e) {
        e.printStackTrace();
    }
    return i;
}
```

根据用户名修改用户信息 updateUser() 方法的具体代码如下：

```java
/* 根据用户名修改用户信息 */
public int updateUser(String password,String sex,String aihao,String zhuanye,String photo,String jianjie, String name){
    String sql = "update user set password=?,sex=?,aihao=?,zhuanye=?,photo=?,jianjie=? where name=?";
    String param[] = {password,sex,aihao,zhuanye,photo,jianjie,name};
    int i = 0;
    try {
        i = this.executeSQL(sql, param);          // 直接使用 executeSQL 方法执行查询
        if(i>0) {
            System.out.println(" 修改用户信息成功！ ");
        }
        else{
            System.out.println(" 修改用户信息失败！ ");
        }
    } catch (Exception e) {
        e.printStackTrace();
    }
}
```

```
        return i;
    }
```

查找所有的用户信息 findAllUsers() 方法的具体代码如下：

```
/* 查找所有的用户信息 */
    public ResultSet findAllUsers() {
        String sql = "select * from user";
    try
    {
        conn = this.getConn();
        ps = conn.prepareStatement(sql);
        rs = ps.executeQuery(); // 执行 SQL 语句
    }catch(Exception e)
    {
        e.printStackTrace();
    }
        return rs;
    }
```

根据用户名查询用户信息 findName() 方法的具体代码如下：

```
public  ResultSet findName(String name){
        String sql = "select * from user where name=?";
    try
    {
        conn = this.getConn();
        ps = conn.prepareStatement(sql);
        ps.setString(1, name);
        rs = ps.executeQuery(); // 执行 SQL 语句
    }catch(Exception e)
    {
        e.printStackTrace();
    }
        return rs;
    }
```

(4) 编写一个测试类 Test，测试上述代码。测试代码如下：

```
package util;
import java.sql.ResultSet;
import java.sql.SQLException;
public class Test {
```

```java
public static void main(String[] args) {
    UserDao user = new UserDaoImpl();
    user.userLogin("bb", "22");// 用户登录
    ResultSet rs=user.findAllUsers();
    try {
        while(rs.next()){
            System.out.println(" 用户名 :"+rs.getString(1));
            System.out.println(" 密码 :"+rs.getString(2));
        }
    } catch (SQLException e) {
        // TODO Auto-generated catch block
        e.printStackTrace();
    }
user.insertNewUser("dd", "44", " 男 ", " 运动，读书 ", " 软件技术 ", "big.png", " 他是一个上进有
远大理想的好学生！ ");
    user.updateUserPassword("12345", "aa");
    user.updateUser("8888", " 女 ", " 读书，音乐 ", " 软件 2101", "big.png", "", " 苏州托普学院 ");
    user.deleteUser("cc");// 删除用户
    }
    }
```

注意：上述代码由于采用了面向接口的编程方式，首先创建了一个 UserDaoImpl 类，但指向了 UserDao 接口，这里用到了 Java 面向对象编程中多态的概念。

运行上述程序后会出现如图 8-13 所示的测试效果。

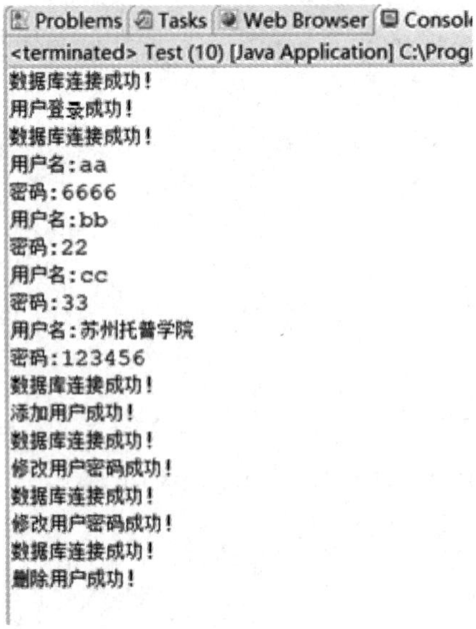

◆ 图 8-13　测试效果

8.4.3　前台实现

1. 创建用户登录和用户登录验证页面

(1) 在 WebRoot 项目文件夹中创建用户登录页面 (denglu.jsp)，并使用 CSS 进行格式化，具体代码如下：

```
<%@ page language="java" import="java.util.*" pageEncoding="UTF-8"%>
<!DOCTYPE HTML PUBLIC "-//W3C//DTD HTML 4.01 Transitional//EN">
<html>
 <head>
  <title> 用户登录 </title>
    <meta http-equiv="pragma" content="no-cache">
    <meta http-equiv="cache-control" content="no-cache">
    <meta http-equiv="expires" content="0">
    <meta http-equiv="keywords" content="keyword1,keyword2,keyword3">
    <meta http-equiv="description" content="This is my page">
    <!--
    <link rel="stylesheet" type="text/css" href="styles.css">
    -->
<style type="text/css">
.anniu {
    font-family: " 楷体 ";
    font-size: 30px;
    font-weight: bold;
}
</style>
  </head>
  <body>
      <center> <h1> 用户登录 </h1></center>
   <form id="form1" name="form1" method="post" action="dlyz.jsp">
   <table width="654" height="225" border="1" align="center">
    <tr>
     <td width="223" class="anniu"> 用户名： </td>
     <td width="389" class="anniu"><h2>
       <input type="text" name="username" id="username" />
     </h2></td>
    </tr>
    <tr>
     <td class="anniu"> 密码： </td>
```

```
    <td class="anniu"><h2>
      <input type="password" name="mima" id="mima" />
    </h2></td>
  </tr>
  <tr>
    <td colspan="2" align="center"><h2>
      <input name="button" type="submit" class="anniu" id="button" value=" 提交 "
/>      
      <input name="button2" type="reset" class="anniu" id="button2" value=" 重置 " />
    </h2></td>
  </tr>
  </table>
</form>
<h2 align="center" class="anniu"><a href="zhuce.jsp"> 新用户注册
</a>    
<a href="updatepass.jsp"> 修改密码 </a>    
<a href="updateuser.jsp"> 修改用户信息 </a></h2>
  </body>
</html>
```

运行上述程序后会出现如图 8-14 所示的页面。

◆ 图 8-14　用户登录页面

(2) 在 WebRoot 项目文件夹中创建用户登录验证页面 (dlyz.jsp)，通过输入用户名和密码，查找数据库 my 中数据库表 user 的用户信息，如果用户名和密码匹配，则进入主页，如果不匹配，则重新加载用户登录页面 (denglu.jsp)，进行再次验证，直到登录成功为止。具体代码如下：

```
<%@ page language="java" import="java.util.*,util.*,java.sql.*" pageEncoding="UTF-8"%>
<%
String path = request.getContextPath();
```

```
String basePath = request.getScheme()+"://"+request.getServerName()+":"+request.getServerPort()+
path+"/";
%>
<!DOCTYPE HTML PUBLIC "-//W3C//DTD HTML 4.01 Transitional//EN">
<html>
  <head>
    <base href="<%=basePath%>">
    <title> 验证用户名和密码 </title>
    <meta http-equiv="pragma" content="no-cache">
    <meta http-equiv="cache-control" content="no-cache">
    <meta http-equiv="expires" content="0">
    <meta http-equiv="keywords" content="keyword1,keyword2,keyword3">
    <meta http-equiv="description" content="This is my page">
    <!--
    <link rel="stylesheet" type="text/css" href="styles.css">
    -->
<link href="gs03.css" rel="stylesheet" type="text/css" />
  </head>
  <body>
<%
    request.setCharacterEncoding("utf-8");
    String name=request.getParameter("username");
    String mima=request.getParameter("mima");
    UserDao user = new UserDaoImpl();
  ResultSet rs=user.userLogin(name,mima);
  if(rs.next()){
      response.sendRedirect("zhuye.jsp");
    }
    else{
      out.println("<center><h1> 用户名或密码有误，请重新输入！ </h1></center>");
      %>
      <%@include file="denglu.jsp" %>
      <%
    }
%>
  </body>
</html>
```

如果用户名和密码不匹配，则运行上述程序后会出现如图 8-15 所示的页面。

用户名或密码有误，请重新输入!

用户登录

| 用户名： | bb |
| 密码： | •••••• |

提交　重置

新用户注册　　修改密码　　修改用户信息

◆ 图 8-15　用户验证失败页面

如果用户名和密码匹配成功，则进入如图 8-16 所示的主页。

◆ 图 8-16　主页

2. 创建用户注册和用户注册验证页面

(1) 在 WebRoot 项目文件夹中创建用户注册页面 (zhuce.jsp)，并使用 CSS 进行格式化。具体代码如下：

```
<%@ page language="java" import="java.util.*" pageEncoding="UTF-8"%>
<!DOCTYPE HTML PUBLIC "-//W3C//DTD HTML 4.01 Transitional//EN">
<html>
 <head>
  <title> 用户注册 </title>
```

```
    <meta http-equiv="pragma" content="no-cache">
    <meta http-equiv="cache-control" content="no-cache">
    <meta http-equiv="expires" content="0">
    <meta http-equiv="keywords" content="keyword1,keyword2,keyword3">
    <meta http-equiv="description" content="This is my page">
    <!--
    <link rel="stylesheet" type="text/css" href="styles.css">
    -->
<style type="text/css">
.anniu {
    font-family: " 楷体 ";
    font-size: 30px;
    font-weight: bold;
}
</style>
  </head>
  <body>
  <center> <h1> 用户注册 </h1></center>
<form action="zcyz.jsp" method="post" >
  <table width="672" height="480" border="1" align="center">
    <tr>
      <td width="226" class="anniu"> 用户名：</td>
      <td width="430" class="anniu">
      <input type="text" name="username" id="username" />
      </td>
    </tr>
    <tr>
      <td class="anniu"> 密码：</td>
      <td class="anniu">
      <input type="password" name="mima" id="mima" />
      </td>
    </tr>
    <tr>
      <td class="anniu"> 性别：</td>
      <td class="anniu">
      <input type="radio" name="sex" id="radio" value=" 男 " /> 男
      <input type="radio" name="sex" id="radio" value=" 女 " /> 女
      </td>
```

```
    </tr>
    <tr>
      <td class="anniu"> 爱好：</td>
      <td class="anniu">
      <input name="aihao" type="checkbox" id="aihao" value=" 读书 " /> 读书
        <input name="aihao" type="checkbox" id="aihao" value=" 音乐 " /> 音乐
        <input name="aihao" type="checkbox" id="aihao" value=" 运动 " /> 运动
        </td>
    </tr>
    <tr>
      <td class="anniu"> 专业：</td>
      <td class="anniu">
        <select name="zhuanye" id="zhuanye">
          <option value=" 计算机应用 "> 计算机应用 </option>
          <option value=" 软件技术 "> 软件技术 </option>
          <option value=" 人工智能 "> 人工智能 </option>
          <option value=" 移动互联 "> 移动互联 </option>
          <option value=" 大数据应用 "> 大数据应用 </option>
      </select></td>
    </tr>
    <tr>
      <td class="anniu"> 照片：</td>
      <td class="anniu">
      <input type="file" name="photo" id="photo" /></td>
    </tr>
    <tr>
      <td class="anniu"> 个人简介：</td>
      <td class="anniu">
      <textarea name="jianjie" id="jianjie" cols="45" rows="5"></textarea></td>
    </tr>
    <tr>
      <td colspan="2" align="center"><h2>
      <input name="button" type="submit" class="anniu" id="button" value=" 提交 " />
            
      <input name="button2" type="reset" class="anniu" id="button2" value=" 重置 " />
      </h2></td>
    </tr>
  </table>
```

```
    </form>
  </body>
</html>
```

运行上述程序后会出现如图 8-17 所示的页面。

◆ 图 8-17　用户注册页面

(2) 在 WebRoot 项目文件夹中创建用户注册验证页面 (zcyz.jsp)，通过输入用户各项信息，查找数据库 my 中数据库表 user 的用户信息，如果用户名存在，则显示"用户名已存在，请重新注册！"，否则显示"注册成功，请登录！"信息，然后跳转到 denglu.jsp 页面，以新的用户名和密码进行登录验证。具体代码如下：

```
<%@ page language="java" import="java.util.*,util.*,java.sql.*" pageEncoding="UTF-8"%>
<%
    String path = request.getContextPath();
    String basePath = request.getScheme()+"://"+request.getServerName()+":"+request.getServerPort()
    +path+"/";
%>
<!DOCTYPE HTML PUBLIC "-//W3C//DTD HTML 4.01 Transitional//EN">
<html>
  <head>
    <base href="<%=basePath%>">
    <title> 用户注册验证 </title>
    <meta http-equiv="pragma" content="no-cache">
    <meta http-equiv="cache-control" content="no-cache">
    <meta http-equiv="expires" content="0">
    <meta http-equiv="keywords" content="keyword1,keyword2,keyword3">
    <meta http-equiv="description" content="This is my page">
```

```jsp
<!--
<link rel="stylesheet" type="text/css" href="styles.css">
-->
<link href="gs03.css" rel="stylesheet" type="text/css" />
</head>
<body>
<%
    request.setCharacterEncoding("utf-8");
        String username=request.getParameter("username");
        String mima=request.getParameter("mima");
        String sex=request.getParameter("sex");
        String[] aihao=request.getParameterValues("aihao");
        String str="";
        if(aihao!=null){
            for(int i=0;i<aihao.length;i++){
                str=str+aihao[i]+",";
            }
        }
        String zhuanye=request.getParameter("zhuanye");
        String photo=request.getParameter("photo");
        String jianjie=request.getParameter("jianjie");
        UserDao user = new UserDaoImpl();
        ResultSet rs=user.findName(username);
        if(rs.next()){
            out.println("<center><h1>用户名已存在，请重新注册！</h1></center>");
        %>
        <%@include file="zhuce.jsp" %>
        <%
        }
        else{
            int i =user.insertNewUser(username,mima,sex,str,zhuanye,photo,jianjie);
            if(i>0){
                out.println("<center><h1>注册成功，请登录！</h1></center>");
        %>
        <%@include file="denglu.jsp" %>
        <%
            }
            else{
                out.println("<center><h1>注册失败，请重新注册！</h1></center>");
```

```
    %>
        <%@include file="zhuce.jsp" %>
    <%
        }
      }
    %>
  </body>
</html>
```

如果用户名存在，则运行上述程序后会出现如图 8-18 所示的页面。

用户名已存在，请重新注册！

用户注册

用户名：	aa
密码：	······
性别：	◉ **男** ○**女**
爱好：	☑**读书** ☑**音乐** ☑**运动**
专业：	大数据应用 ∨
照片：	选择文件 big.png
个人简介：	我是一个阳光男孩！|

提交　　重置

◆ 图 8-18　用户注册失败页面

如果用户名不存在，则注册成功，进入如图 8-19 所示的用户登录页面。

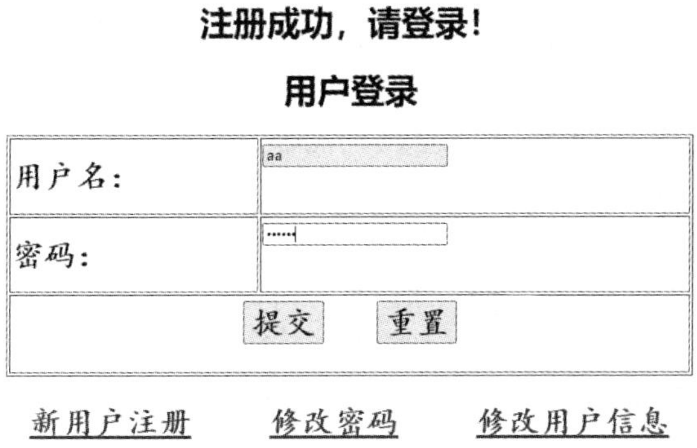

注册成功，请登录！

用户登录

用户名：	aa
密码：	······

提交　　重置

新用户注册　　　_修改密码_　　　_修改用户信息_

◆ 图 8-19　用户注册成功页面

3. 创建修改用户密码及其验证页面

(1) 在 WebRoot 项目文件夹中创建修改用户密码页面 (updatepass.jsp)，并使用 CSS 进行格式化。具体代码如下：

```jsp
<%@ page language="java" import="java.util.*" pageEncoding="UTF-8"%>
<!DOCTYPE HTML PUBLIC "-//W3C//DTD HTML 4.01 Transitional//EN">
<html>
  <head>
    <title> 修改用户密码 </title>
      <meta http-equiv="pragma" content="no-cache">
      <meta http-equiv="cache-control" content="no-cache">
      <meta http-equiv="expires" content="0">
      <meta http-equiv="keywords" content="keyword1,keyword2,keyword3">
      <meta http-equiv="description" content="This is my page">
      <!--
      <link rel="stylesheet" type="text/css" href="styles.css">
      -->
<style type="text/css">
.anniu {
    font-family: " 楷体 ";
    font-size: 30px;
    font-weight: bold;
}
</style>
  </head>
  <body>
 <center> <h1> 修改用户密码 </h1></center>
 <form id="form1" name="form1" method="post" action="passyz.jsp">
 <table width="654" height="225" border="1" align="center">
  <tr>
   <td width="223" class="anniu"> 用户名：</td>
   <td width="389" class="anniu"><h2>
     <input type="text" name="username" id="username" />
   </h2></td>
  </tr>
  <tr>
   <td class="anniu"> 密码：</td>
   <td class="anniu"><h2>
     <input type="password" name="mima" id="mima" />
   </h2></td>
  </tr>
  <tr>
   <td colspan="2" align="center"><h2>
```

```
    <input name="button" type="submit" class="anniu" id="button" value=" 修改 "
/>      
    <input name="button2" type="reset" class="anniu" id="button2" value=" 重置 " />
  </h2></td>
  </tr>
  </table>
</form>
<h2 align="center" class="anniu"><a href="zhuce.jsp"> 新用户注册 </a>    
<a href="updatepass.jsp"> 修改密码 </a>    
<a href="updateuser.jsp"> 修改用户信息 </a></h2>
  </body>
</html>
```

运行上述程序后会出现如图 8-20 所示的页面。

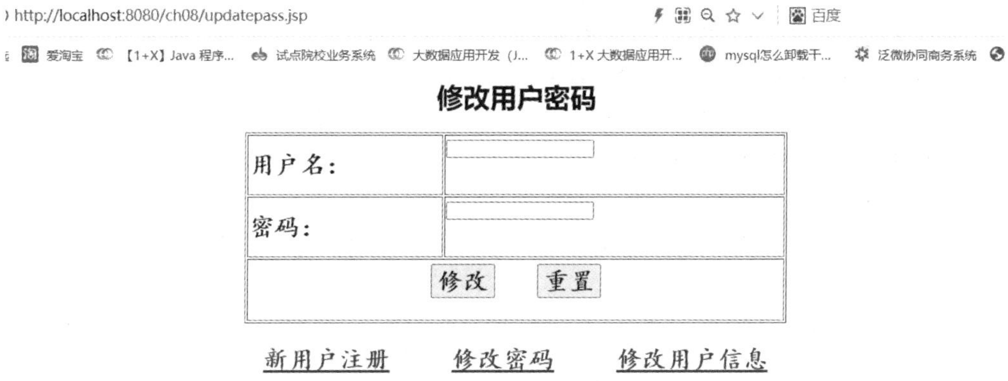

◆ 图 8-20　修改用户密码页面

(2) 在 WebRoot 项目文件夹中创建修改用户密码验证页面 (passyz.jsp)，输入用户名和密码，单击"修改"按钮，查找数据库 my 中数据库表 user 的用户信息，如果该用户不存在，则显示"该用户名不存在，请重新修改！"信息，如果修改成功，则显示"用户密码已修改成功，请以新的密码重新登录！"信息。具体代码如下：

```
<%@ page language="java" import="java.util.*,util.*,java.sql.*" pageEncoding="UTF-8"%>
<%
String path = request.getContextPath();
String basePath = request.getScheme()+"://"+request.getServerName()+":"+request.getServerPort()
+path+"/";
%>
<!DOCTYPE HTML PUBLIC "-//W3C//DTD HTML 4.01 Transitional//EN">
<html>
  <head>
    <base href="<%=basePath%>">
```

```
<title> 验证修改用户密码 </title>
  <meta http-equiv="pragma" content="no-cache">
  <meta http-equiv="cache-control" content="no-cache">
  <meta http-equiv="expires" content="0">
  <meta http-equiv="keywords" content="keyword1,keyword2,keyword3">
  <meta http-equiv="description" content="This is my page">
  <!--
  <link rel="stylesheet" type="text/css" href="styles.css">
  -->
<link href="gs03.css" rel="stylesheet" type="text/css" />
 </head>
 <body>
<%
    request.setCharacterEncoding("utf-8");
    String name=request.getParameter("username");
    String mima=request.getParameter("mima");
    UserDao user = new UserDaoImpl();
  ResultSet rs=user.findName(name);
  if(!rs.next()){
      out.println("<center><h1> 该用户名不存在，请重新修改！ </h1></center>");
      %>
      <%@include file="updatepass.jsp" %>
      <%
    }
    else{
      int i=user.updateUserPassword(mima, name);
      if(i>0){
          out.println("<center><h1> 用户密码已修改成功，请以新的密码重新登录！
</h1></center>");
      %>
      <%@include file="denglu.jsp" %>
      <%
      }
      else{
          out.println("<center><h1> 用户密码修改失败，请重新修改！ </h1></center>");
      %>
      <%@include file="updatepass.jsp" %>
      <%
      }
```

```
        }
    %>
    </body>
</html>
```

如果该用户不存在，则运行上述程序后会出现如图 8-21 所示的页面。

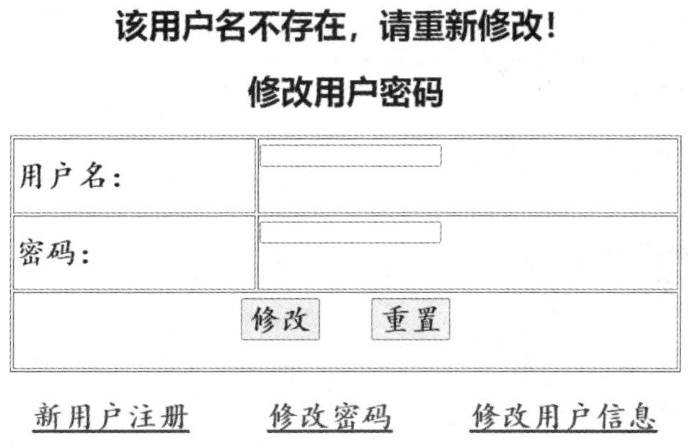

该用户名不存在，请重新修改！

修改用户密码

用户名：	
密码：	
修改　重置	

新用户注册　　修改密码　　修改用户信息

◆ 图 8-21　修改用户密码失败页面

如果修改成功，则会出现如图 8-22 所示的页面。

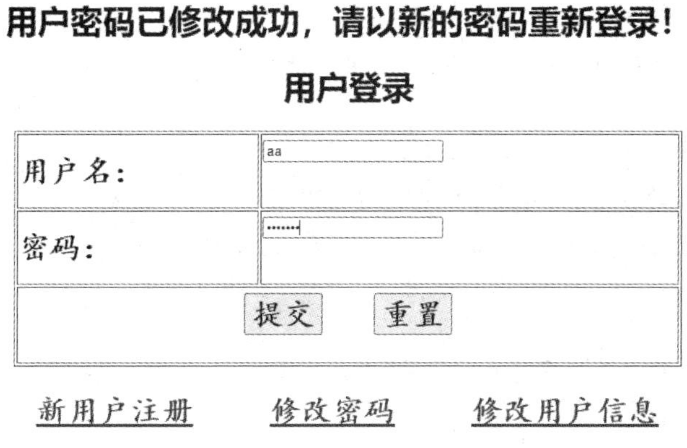

用户密码已修改成功，请以新的密码重新登录！

用户登录

用户名：	aa
密码：	••••••
提交　重置	

新用户注册　　修改密码　　修改用户信息

◆ 图 8-22　修改用户密码成功页面

4. 创建修改用户信息及其验证页面

(1) 在 WebRoot 项目文件夹中创建修改用户信息页面 (updateuser.jsp)，并使用 CSS 进行格式化。具体代码如下：

```
<%@ page language="java" import="java.util.*" pageEncoding="UTF-8"%>
<!DOCTYPE HTML PUBLIC "-//W3C//DTD HTML 4.01 Transitional//EN">
<html>
  <head>
```

```html
<title> 修改用户信息 </title>
  <meta http-equiv="pragma" content="no-cache">
  <meta http-equiv="cache-control" content="no-cache">
  <meta http-equiv="expires" content="0">
  <meta http-equiv="keywords" content="keyword1,keyword2,keyword3">
  <meta http-equiv="description" content="This is my page">
  <!--
  <link rel="stylesheet" type="text/css" href="styles.css">
  -->
<style type="text/css">
.anniu {
    font-family: " 楷体 ";
    font-size: 30px;
    font-weight: bold;
}
</style>
  </head>
  <body>
    <center> <h1> 修改用户信息 </h1></center>
<form action="updateuseryz.jsp" method="post" >
  <table width="672" height="480" border="1" align="center">
    <tr>
      <td width="226" class="anniu"> 用户名: </td>
      <td width="430" class="anniu">
        <input type="text" name="username" id="username" />
      </td>
    </tr>
    <tr>
      <td class="anniu"> 密码: </td>
      <td class="anniu">
        <input type="password" name="mima" id="mima" />
      </td>
    </tr>
    <tr>
      <td class="anniu"> 性别: </td>
      <td class="anniu">
      <input type="radio" name="sex" id="radio" value=" 男 " /> 男
      <input type="radio" name="sex" id="radio" value=" 女 " /> 女
```

```
    </td>
  </tr>
  <tr>
   <td class="anniu"> 爱好：</td>
   <td class="anniu">
   <input name="aihao" type="checkbox" id="aihao" value=" 读书 " /> 读书
   <input name="aihao" type="checkbox" id="aihao" value=" 音乐 " /> 音乐
   <input name="aihao" type="checkbox" id="aihao" value=" 运动 " /> 运动
   </td>
  </tr>
  <tr>
   <td class="anniu"> 专业：</td>
   <td class="anniu">
    <select name="zhuanye" id="zhuanye">
     <option value=" 计算机应用 "> 计算机应用 </option>
     <option value=" 软件技术 "> 软件技术 </option>
     <option value=" 人工智能 "> 人工智能 </option>
     <option value=" 移动互联 "> 移动互联 </option>
     <option value=" 大数据应用 "> 大数据应用 </option>
   </select></td>
  </tr>
  <tr>
   <td class="anniu"> 照片：</td>
   <td class="anniu">
   <input type="file" name="photo" id="photo" /></td>
  </tr>
  <tr>
   <td class="anniu"> 个人简介：</td>
   <td class="anniu">
   <textarea name="jianjie" id="jianjie" cols="45" rows="5"></textarea></td>
  </tr>
  <tr>
   <td colspan="2" align="center"><h2>
   <input name="button" type="submit" class="anniu" id="button" value=" 修改 " />
         
   <input name="button2" type="reset" class="anniu" id="button2" value=" 重置 " />
   </h2></td>
  </tr>
```

```
    </table>
  </form>
  </body>
</html>
```

运行上述程序后会出现如图 8-23 所示的页面。

◆ 图 8-23　修改用户信息页面

(2) 在 WebRoot 项目文件夹中创建修改用户信息验证页面 (updateuseryz.jsp)，输入用户名和其他信息，单击"修改"按钮，查找数据库 my 中数据库表 user 的用户信息，如果该用户不存在，则显示"该用户不存在，请重新修改！"信息，如果修改成功，则显示"用户信息已修改成功，请以新的用户信息登录！"信息。具体代码如下：

```
<%@ page language="java" import="java.util.*,util.*,java.sql.*" pageEncoding="UTF-8"%>
<%
String path = request.getContextPath();
String basePath = request.getScheme()+"://"+request.getServerName()+":"+request.getServerPort()+
path+"/";
%>
<!DOCTYPE HTML PUBLIC "-//W3C//DTD HTML 4.01 Transitional//EN">
<html>
  <head>
    <base href="<%=basePath%>">
    <title> 修改用户信息 </title>
    <meta http-equiv="pragma" content="no-cache">
    <meta http-equiv="cache-control" content="no-cache">
    <meta http-equiv="expires" content="0">
```

```
<meta http-equiv="keywords" content="keyword1,keyword2,keyword3">
<meta http-equiv="description" content="This is my page">
<!--
<link rel="stylesheet" type="text/css" href="styles.css">
-->
<link href="gs03.css" rel="stylesheet" type="text/css" />
</head>
<body>
<%
request.setCharacterEncoding("utf-8");
    String username=request.getParameter("username");
    String mima=request.getParameter("mima");
    String sex=request.getParameter("sex");
    String[] aihao=request.getParameterValues("aihao");
    String str="";
    if(aihao!=null){
        for(int i=0;i<aihao.length;i++){
            str=str+aihao[i]+",";
        }
    }
    String zhuanye=request.getParameter("zhuanye");
    String photo=request.getParameter("photo");
    String jianjie=request.getParameter("jianjie");
    UserDao user = new UserDaoImpl();
    ResultSet rs=user.findName(username);
    if(!rs.next()){
        out.println("<center><h1> 该用户不存在，请重新修改！ </h1></center>");
        %>
        <%@include file="updateuser.jsp" %>
        <%
    }
    else{
        int i =user.updateUser(mima,sex,str,zhuanye,photo,jianjie,username);
        if(i>0){
            out.println("<center><h1> 用户信息已修改成功，请以新的用户信息登录！ </h1>
</center>");
            %>
            <%@include file="denglu.jsp" %>
            <%
```

```
        }
        else{
            out.println("<center><h1> 用户信息修改失败，请重新修改！ </h1></center>");
        %>
            <%@include file="updateuser.jsp" %>
        <%
        }
    }
    %>
 </body>
</html>
```

如果该用户不存在，则运行上述程序后会出现如图 8-24 所示的页面。

该用户不存在，请重新修改！

修改用户信息

用户名：	aa
密码：	••••
性别：	⦿ 男 ○ 女
爱好：	☑读书 ☑音乐 ☑运动
专业：	移动互联 ▾
照片：	选择文件 big.png
个人简介：	我是一个有梦想的好学生！|

修改　　重置

◆ 图 8-24　修改用户信息失败页面

如果修改成功，则会出现如图 8-25 所示的页面。

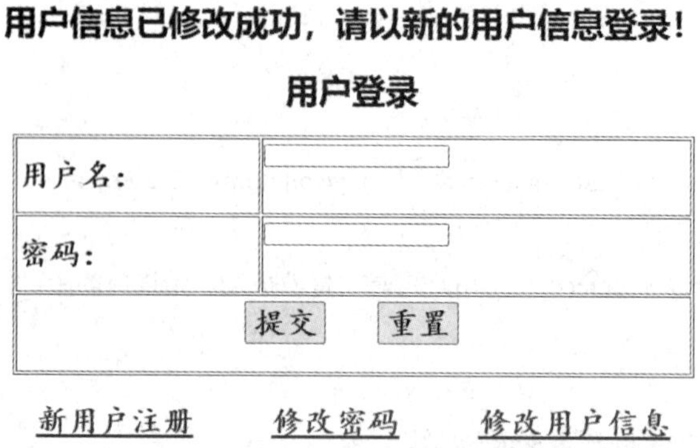

用户信息已修改成功，请以新的用户信息登录！

用户登录

用户名：	
密码：	

提交　　重置

新用户注册　　　修改密码　　　修改用户信息

◆ 图 8-25　修改用户信息成功页面

小　结

本章主要介绍了 JDBC 技术 (Java 数据库连接技术) 的相关概念和使用方法。通过本章的学习，读者能够运用 JDBC 访问 MySQL 数据库，读写数据库中的数据，掌握使用 JDBC 访问数据库的步骤，验证用户信息的方法，对用户信息进行增、删、改、查等的操作，如用户登录各页面、用户注册各页面、修改用户密码各页面、修改用户信息各页面等。

习　题

一、简答题

1. 使用 JDBC 访问数据库的基本步骤是什么？
2. PreparedStatement 和 Statement 的区别是什么？

二、上机实践

1. 完成本章后台代码，实现对用户信息的增、删、改、查操作。
2. 实现本章前台的各页面，包括用户登录、用户注册、修改用户密码、修改用户信息等页面实现。

习题答案

第9章 综合案例——学生信息管理系统

学习目标

• 使用 Java Web 技术设计一个简单的数据库管理系统，了解前台页面和后台编辑页面的区别，掌握 Web 服务器与 MySQL 数据库的连接和数据库操作的方法，掌握使用 JSP 编写后台代码的方法。

• 开发一个学生信息管理系统，完成学生信息的查看、增加、删除和修改等功能。对于客户端增加修改信息页面，要使用 JavaScript 进行必要的数据非空验证。自行添加一些 CSS，使得页面和字体更加美观。

思政目标

• 养成自觉遵守规则、诚实守信的优良品德。
• 重视数据库设计中的数据安全性，学习工匠精神，尊重软件开发的标准。
• 在课堂教学中举一反三，以学生信息管理系统为例，引导学生与同学合作一起开发、讨论自己熟悉的系统，完成综合案例。

9.1 案例简介

1. 简单步骤

学生信息管理系统的设计步骤如下：

(1) 打开 MySQL，新建一个名为 my 的数据库。

(2) 新建一个名为 student 的数据库表，包括学号、姓名、班级、性别、籍贯、爱好、美照、人生格言等信息，自行定义列名及类型。

(3) 在 student 表中增加若干记录，作为初始数据。

(4) 打开 MyEclipse 软件，新建一个名为 StudentSystem 的 Web 项目。

(5) 在 StudentSystem 中编写代码。

(6) 可以自行练习定义一些 CSS，使页面和字体更加美观。

2. 功能说明

该学生信息管理系统的基本功能如下：

(1) 实现学生信息管理系统各页面。

(2) 可以连接数据库进行数据的增、删、改、查。

(3) 可以增加一条学生信息。

(4) 可以删除一条学生信息。

(5) 可以更改一条学生信息。

9.2　后台程序的设计

后台程序的设计步骤如下。

(1) 建立 MySQL 数据库的连接 st，并创建数据库 my，然后创建 student 数据库表，图 9-1 为 student 表的结构。

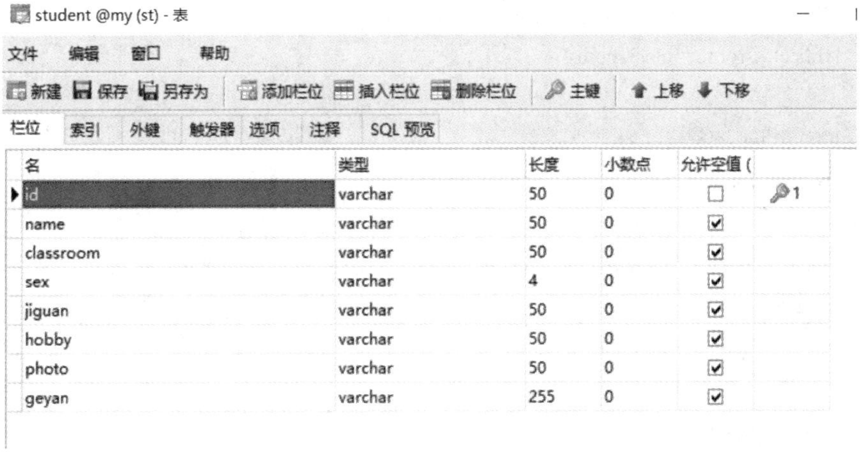

名	类型	长度	小数点	允许空值 (	
id	varchar	50	0	☐	1
name	varchar	50	0	☑	
classroom	varchar	50	0	☑	
sex	varchar	4	0	☑	
jiguan	varchar	50	0	☑	
hobby	varchar	50	0	☑	
photo	varchar	50	0	☑	
geyan	varchar	255	0	☑	

◆ 图 9-1　student 表的结构

(2) 在 src 中创建一个 bean 包，并创建相应的 JavaBean(Student.java)，具体代码如下：

```
package bean;
public class Student {
    private String id;
    private String name;
    private String classroom;
    private String sex;
    private String jiguan;
```

```java
    private String []hobby;
    private String photo;
    private String geyan;
    public String getId() {
        return id;
    }
    public void setId(String id) {
        this.id = id;
    }
    public String getName() {
        return name;
    }
    public void setName(String name) {
        this.name = name;
    }
    public String getClassroom() {
        return classroom;
    }
    public void setClassroom(String classroom) {
        this.classroom = classroom;
    }
    public String getSex() {
        return sex;
    }
    public void setSex(String sex) {
        this.sex = sex;
    }
    public String getJiguan() {
        return jiguan;
    }
    public void setJiguan(String jiguan) {
        this.jiguan = jiguan;
    }
    public String []getHobby() {
        return hobby;
    }
    public void setHobby(String []hobby) {
        this.hobby = hobby;
    }
```

```java
    public String getPhoto() {
        return photo;
    }
    public void setPhoto(String photo) {
        this.photo = photo;
    }
    public String getGeyan() {
        return geyan;
    }
    public void setGeyan(String geyan) {
        this.geyan = geyan;
    }
}
```

(3) 创建一个 data 包，然后创建一个数据库连接操作类 BaseDao，编写如下代码：

```java
package data;
import java.sql.*;
public class BaseDao {
    public static String driver="com.mysql.jdbc.Driver";              // 驱动名称
    public static String url="jdbc:mysql://localhost:3306/my";        //my 是数据库名称
    public static String dbUser="root";
    public static String dbPwd="root";
    public static Connection conn=null;
    public static Statement st=null;
    public static ResultSet rs=null;
    public static PreparedStatement ps=null;
    public Connection getConn(){
        try {
            Class.forName(driver);                                    // 加载驱动
            conn=DriverManager.getConnection(url,dbUser,dbPwd);       // 创建连接对象
            System.out.println(" 数据库连接成功！ ");
        } catch (ClassNotFoundException e) {
            // TODO Auto-generated catch block
            //e.printStackTrace();
            System.out.println(" 驱动类未找到："+e);
        } catch (SQLException e) {
            // TODO Auto-generated catch block
            //e.printStackTrace();
            System.out.println(" 连接对象创建失败："+e);
        }
```

```
        return conn;
    }
    /* 关闭数据库资源 */
    public void closeAll(){
      if(rs != null){                        // 如果 rs 不空，则关闭 rs
        try {
            rs.close();
          } catch (SQLException e) {
            // TODO Auto-generated catch block
            e.printStackTrace();
          }
      }
      if(ps!= null){                         // 如果 ps 不空，则关闭 ps
        try {
            ps.close();
          } catch (SQLException e) {
            // TODO Auto-generated catch block
            e.printStackTrace();
          }
      }
      if(conn != null){                      // 如果 conn 不空，则关闭 conn
        try {
            conn.close();
          } catch (SQLException e) {
            // TODO Auto-generated catch block
            e.printStackTrace();
          }
      }
    }
    /* 执行 SQL 语句，实现增、删、改的操作。注意：不能执行查询 */
    public int executeSQL(String sql,String[] param)
    {
      Connection conn  = null;
      PreparedStatement ps = null;
      int num = 0;
      /* 处理 SQL, 执行 SQL */
      try {
        conn=getConn();                              // 获取连接数据库的对象
        ps = conn.prepareStatement(sql);             // 得到 PreparedStatement 对象
```

```
            if( param != null ) {
                for( int i = 0; i < param.length; i++ ) {
                    ps.setString(i+1, param[i]);          // 为预编译 SQL 设置参数
                }
            }
            num = ps.executeUpdate();                    // 执行 SQL 语句
        } catch (SQLException e) {
            e.printStackTrace();                          // 处理 SQLException 异常
        }
        return num;
    }
}
```

(4) 在 data 包中创建一个 StudentDao 接口，定义查询所有学生信息的方法，根据学号查询学生信息的方法，为某个学生修改信息的方法，添加一个学生信息的方法，根据学号删除学生信息的方法。具体代码如下：

```
package data;
import java.sql.*;
public interface StudentDao {
    public ResultSet findAllStudents();                  // 查询所有的学生信息
    public ResultSet findByID(String id);                // 根据学号查找学生信息
    public int changeStudent(String name,String classroom,String sex,String jiguan,
    String hobby,String photo,String geyan,String id);   // 为某个学生修改信息
    public int insertStudent(String id,String name,String classroom,String sex,String jiguan,
    String hobby,String photo,String geyan);             // 添加一个学生信息
    public int deleteStudent(String id);                 // 根据学号删除学生信息
}
```

(5) 在 data 包中创建一个实现类 (StudentDaoImpl.java)，继承 BaseDao 类，并实现接口 StudentDao，具体代码如下：

```
package data;
import java.sql.*;
import data.BaseDao;
public class StudentDaoImpl extends BaseDao implements StudentDao {
    /* 根据用户名删除用户信息 */
    public int deleteStudent(String id) {
        // TODO Auto-generated method stub
        String sql = "delete from student where id=?";
        String param[] = {id};
        int i = 0;
        try {
```

```
        i = super.executeSQL(sql, param);          // 直接使用 executeSQL 方法执行查询
        if(i>0) {
          System.out.println(" 删除用户成功 !");
        }
        else{
            System.out.println(" 删除用户失败 !");
        }
      } catch (Exception e) {
        e.printStackTrace();
      }
      return i;
    }
    /* 添加一个学生信息的方法 */
    public int insertStudent(String id,String name,String classroom,String sex,String jiguan,String hobby,
String photo,String geyan){
        String sql="insert into student values(?,?,?,?,?,?,?,?)";
        String param[] = {id,name,classroom,sex,jiguan,hobby,photo,geyan};
        int i = 0;
        try {
            i = super.executeSQL(sql, param);          // 直接使用 executeSQL 方法执行查询
          if(i>0) {
          System.out.println(" 添加学生信息成功!  ");
          }
          else{
              System.out.println(" 添加学生信息失败!  ");
          }
        } catch (Exception e) {
          e.printStackTrace();
        }
        return i;
    }
    public int changeStudent(String name,String classroom,String sex,String jiguan,String hobby,
String photo,String geyan,String id)
    {
        String sql = "update student set name=?,classroom=?,sex=?,jiguan=?,hobby=?,photo=?,geyan=?
where id=?";
        String param[] = {name,classroom,sex,jiguan,hobby,photo,geyan,id};
        int i = 0;
        try {
            i = super.executeSQL(sql, param);          // 直接使用 executeSQL 方法执行查询
```

```java
            if(i>0) {
                System.out.println(" 更新学生信息成功！ ");
            }
            else{
                System.out.println(" 更新学生信息失败！ ");
            }
        } catch (Exception e) {
            e.printStackTrace();
        }
        return i;
    }
    /* 根据学号查询学生信息 */
    public ResultSet findByID(String id){
        String sql="select * from student where id=?";
        try {
            ps=BaseDao.getConn().prepareStatement(sql);
            ps.setString(1, id);
            rs=ps.executeQuery();
            if(rs.next()){
                System.out.println(" 查询学生信息成功！ ");
            }
            else{
                System.out.println(" 查询学生信息失败！ ");
            }
        } catch (SQLException e) {
            // TODO Auto-generated catch block
            e.printStackTrace();
        }
        return rs;
    }
    public ResultSet findAllStudents() {
        String sql="select * from student";
        try {
            ps=BaseDao.getConn().prepareStatement(sql);
            rs=ps.executeQuery();
        } catch (SQLException e) {
            // TODO Auto-generated catch block
            e.printStackTrace();
        }
```

```
        return rs;
    }
}
```

(6) 在 data 包中创建一个测试类 (Test.java)，具体代码如下：

```java
package data;
import java.sql.*;
public class Test {
    public static void main(String[] args) {
        StudentDaoImpl st = new StudentDaoImpl();
        st.insertStudent("03", " 苏州托普 ", " 软件 2101", " 男 ", " 江苏 ", " 读书，运动，音乐 ",
"me.jpg", " 时间花在哪里，收获就在哪里！ ");// 添加学生信息
        ResultSet rs1=st.findAllStudents();
        try {
            while(rs1.next()){
                System.out.println(" 学号："+rs1.getString(1));
                System.out.println(" 姓名："+rs1.getString(2));
            }
        } catch (SQLException e) {
            // TODO Auto-generated catch block
            e.printStackTrace();
        }
        st.findByID("02");
        st.changeStudent(" 苏州托普 02", " 软件 2102", " 女 ", " 山东 ", " 读书，运动，音乐 ", "me.jpg",
" 人生是场马拉松，坚持是信念！ ","02");
        st.deleteStudent("02");// 删除用户
    }
}
```

Test.java 的运行结果如图 9-2 所示。

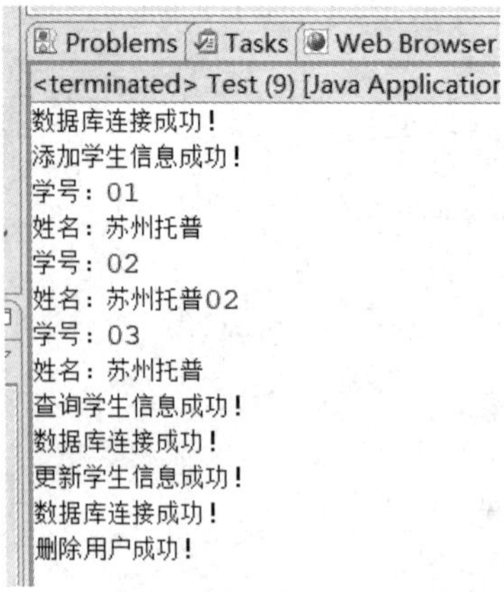

◆ 图 9-2   Test.jave 的运行结果

(7) 为了解决中文编码会乱码的问题,在 src 中创建一个 util 包,用于存放字符转换类
(CharacterEncode.java),具体代码如下:

```java
package util;
public class CharacterEncode {
    public static String getStr(String s) {
        String str = s;
        try {
            byte[] b = str.getBytes("ISO-8859-1");
            str = new String(b,"utf-8");
            return str;
        } catch (Exception e) {
            return str;
        }
    }
}
```

9.3 前台页面的设计

前台页面的设计步骤如下。

(1) 设计一个包含学生信息管理系统的主页 (zhuye.jsp),主页中有学生信息管理系统的
链接,具体代码如下:

```jsp
<%@ page language="java" import="java.util.*" pageEncoding="UTF-8"%>
<%
String path = request.getContextPath();
String basePath = request.getScheme()+"://"+request.getServerName()+":"+request.
getServerPort()+path+"/";
%>
<!DOCTYPE HTML PUBLIC "-//W3C//DTD HTML 4.01 Transitional//EN">
<html>
 <head>
  <base href="<%=basePath%>">
  <title> 主页 </title>
  <meta http-equiv="pragma" content="no-cache">
  <meta http-equiv="cache-control" content="no-cache">
  <meta http-equiv="expires" content="0">
  <meta http-equiv="keywords" content="keyword1,keyword2,keyword3">
```

```
    <meta http-equiv="description" content="This is my page">
    <!--
    <link rel="stylesheet" type="text/css" href="styles.css">
    -->
  <link href="gs03.css" rel="stylesheet" type="text/css" />
  </head>
  <body>
   <table width="1263" height="817" border="1">
   <tr>
     <td height="176" colspan="3"><img src="images/banner.jfif" width="1254" height="263" /></td>
   </tr>
   <tr>
     <td width="204" height="55" class="big"><img src="images/big.png" width="16" height="14" />
班级管理 </td>
     <td width="780" rowspan="7"><img src="images/welcome.jfif" width="794" height="505" /></td>
     <td width="257" class="big"><img src="images/big.png" alt="" width="16" height="14" />
在线交流 </td>
   </tr>
   <tr class="small">
     <td height="50"><img src="images/small.jfif" width="15" height="15" /><a href="zy_student.jsp">
学生管理系统 </a></td>
     <td><img src="images/small.jfif" alt="" width="15" height="15" /> 留言板 </td>
   </tr>
   <tr class="small">
     <td height="50"><img src="images/small.jfif" alt="" width="15" height="15" /><a href="zy_student_
list.jsp"> 学生信息浏览 </a></td>
     <td><img src="images/small.jfif" alt="" width="15" height="15" /> 讨论区 </td>
   </tr>
   <tr class="small">
     <td height="50"><img src="images/small.jfif" alt="" width="15" height="15" /><a href="zy_student_
query.jsp"> 学生信息查询 </a></td>
     <td class="small" height="50"> </td>
   </tr>
   <tr class="small">
     <td height="50"><img src="images/small.jfif" alt="" width="15" height="15" /><a href="zy_student_
delete.jsp"> 学生信息删除 </a></td>
     <td class="small" height="50"> </td>
   </tr>
   <tr class="big">
```

```
<td height="50"><img src="images/big.png" alt="" width="16" height="14" /> 校园风采 </td>
 <td><img src="images/big.png" alt="" width="16" height="14" /> 联系我们 </td>
</tr>
<tr class="small">
 <td height="50"><img src="images/small.jfif" alt="" width="15" height="15" /> 优秀学员榜 </td>
 <td><img src="images/wx.jfif" width="18" height="18" /> 微信：</td>
</tr>
<tr>
 <td height="31" colspan="3" class="banquan"> 版权所有：信息技术学院 </td>
</tr>
</table>
</body>
</html>
```

其中 CSS 文件 gs03.css 的具体代码如下：

```
@charset "utf-8";
.big {
    font-family: " 楷体 ";
    font-size: 30px;
    font-weight: bold;
    background-color: #82DAFE;
    text-align: left;
}
.small {
    font-family: " 楷体 ";
    font-size: 24px;
    font-weight: bold;
    background-color: #BFF4EE;
    text-align: left;
}
.banquan {
    font-family: " 楷体 ";
    font-size: 18px;
    font-weight: bold;
    background-color: #DAF1FF;
    text-align: center;
}
.anniu {
    font-family: " 楷体 ";
    font-size: 30px;
```

```
    font-weight: bold;
    text-align: center;
}
```

主页效果如图 9-3 所示。

◆ 图 9-3　主页效果

(2) 创建学生信息管理系统的表单文件 (student.jsp)，具体代码如下：

```
<%@ page language="java" import="java.util.*" pageEncoding="utf-8"%>
<!DOCTYPE HTML PUBLIC "-//W3C//DTD HTML 4.01 Transitional//EN">
<html>
 <head>
  <title> 学生信息管理系统 </title>
   <meta http-equiv="pragma" content="no-cache">
   <meta http-equiv="cache-control" content="no-cache">
   <meta http-equiv="expires" content="0">
   <meta http-equiv="keywords" content="keyword1,keyword2,keyword3">
   <meta http-equiv="description" content="This is my page">
   <!--
   <link rel="stylesheet" type="text/css" href="styles.css">
   -->
  <link href="gs03.css" rel="stylesheet" type="text/css" />
 </head>
 <body>
  <center> <h1> 学生信息管理系统 </h1></center>
```

```html
<form action="zy_styz.jsp" method="post" >
 <table  width="780"  height="480" border="1" align="center">
  <tr>
   <td width="200" class="anniu"> 学号 </td>
   <td width="580" class="anniu">
    <input type="text" name="id" id="id" />
   </td>
  </tr>
  <tr>
   <td width="200" class="anniu"> 姓名 </td>
   <td width="580" class="anniu">
    <input type="text" name="name" id="name" />
   </td>
  </tr>
  <tr>
   <td width="200" class="anniu"> 班级 </td>
   <td width="580" class="anniu">
    <input type="text" name="classroom" id="classroom" />
   </td>
  </tr>
  <tr>
   <td class="anniu"> 性别 </td>
   <td class="anniu">
    <input type="radio" name="sex" id="radio" value=" 男 " /> 男
    <input type="radio" name="sex" id="radio" value=" 女 " /> 女
   </td>
  </tr>
  <tr>
   <td class="anniu"> 籍贯 </td>
   <td class="anniu">
    <select name="jiguan" id="jiguan">
     <option value=" 安徽 "> 安徽 </option>
     <option value=" 江苏 "> 江苏 </option>
     <option value=" 浙江 "> 浙江 </option>
     <option value=" 河南 "> 河南 </option>
     <option value=" 贵州 "> 贵州 </option>
    </select></td>
  </tr>
  <tr>
```

```
<td class="anniu"> 爱好 </td>
<td class="anniu">
<input name="hobby" type="checkbox" id="aihao" value=" 读书 " /> 读书
<input name="hobby" type="checkbox" id="aihao" value=" 运动 " /> 运动
 <input name="hobby" type="checkbox" id="aihao" value=" 音乐 " /> 音乐
 <input name="hobby" type="checkbox" id="aihao" value=" 美术 " /> 美术
 </td>
</tr>
<tr>
 <td class="anniu"> 美照 </td>
 <td class="anniu">
 <input type="file" name="photo" id="photo" /></td>
</tr>
<tr>
 <td class="anniu"> 人生格言 </td>
 <td class="anniu">
 <textarea name="geyan" id="geyan" cols="45" rows="5"></textarea></td>
</tr>
<tr>
 <td colspan="2" align="center"><h2>
 <input name="button" type="submit" class="anniu" id="button" value=" 提交 " />
       
 <input name="button2" type="reset" class="anniu" id="button2" value=" 重置 " />
 </h2></td>
</tr>
 </table>
</form>
 </body>
</html>
```

(3) 创建含有主页的学生信息管理系统的文件 (zy_student.jsp)，具体代码如下：

```
<%@ page language="java" import="java.util.*" pageEncoding="UTF-8"%>
<%
String path = request.getContextPath();
String basePath = request.getScheme()+"://"+request.getServerName()+":"+request.
getServerPort()+path+"/";
%>
<!DOCTYPE HTML PUBLIC "-//W3C//DTD HTML 4.01 Transitional//EN">
<html>
 <head>
```

```
    <base href="<%=basePath%>">
    <title> 含主页的学生信息管理系统 </title>
    <meta http-equiv="pragma" content="no-cache">
    <meta http-equiv="cache-control" content="no-cache">
    <meta http-equiv="expires" content="0">
    <meta http-equiv="keywords" content="keyword1,keyword2,keyword3">
    <meta http-equiv="description" content="This is my page">
    <!--
    <link rel="stylesheet" type="text/css" href="styles.css">
    -->
<link href="gs03.css" rel="stylesheet" type="text/css" />
    </head>
    <body>
    <table width="1263" height="817" border="1">
    <tr>
    <td height="176" colspan="3"><img src="images/banner.jfif" width="1254" height="263" /></td>
    </tr>
    <tr>
    <td width="204" height="55" class="big"><img src="images/big.png" width="16" height="14" />
班级管理 </td>
    <td width="780" rowspan="7">
<%@include file="student.jsp" %>
    </td>
    <td width="257" class="big"><img src="images/big.png" alt="" width="16" height="14" /> 在线交流 </td>
    </tr>
    <tr class="small">
    <td height="50"><img src="images/small.jfif" width="15" height="15" /><a href="zy_student.jsp">
学生管理系统 </a></td>
    <td><img src="images/small.jfif" alt="" width="15" height="15" /> 留言板 </td>
    </tr>
    <tr class="small">
    <td height="50"><img src="images/small.jfif" alt="" width="15" height="15" /><a href="zy_student_
list.jsp"> 学生信息浏览 </a></td>
    <td><img src="images/small.jfif" alt="" width="15" height="15" /> 讨论区 </td>
    </tr>
    <tr class="small">
    <td height="50"><img src="images/small.jfif" alt="" width="15" height="15" /><a href="zy_student_
query.jsp"> 学生信息查询 </a></td>
    <td class="small" height="50"> </td>
```

```
      </tr>
    <tr class="small">
      <td height="50"><img src="images/small.jfif" alt="" width="15" height="15" /><a href="zy_student_
delete.jsp"> 学生信息删除 </a></td>
      <td class="small" height="50"> </td>
      </tr>
    <tr class="big">
      <td height="50"><img src="images/big.png" alt="" width="16" height="14" /> 校园风采 </td>
      <td><img src="images/big.png" alt="" width="16" height="14" /> 联系我们 </td>
      </tr>
    <tr class="small">
      <td height="50"><img src="images/small.jfif" alt="" width="15" height="15" /> 优秀学员榜 </td>
      <td><img src="images/wx.jfif" width="18" height="18" /> 微信: </td>
      </tr>
    <tr>
      <td height="31" colspan="3" class="banquan"> 版权所有: 信息技术学院 </td>
      </tr>
  </table>
  </body>
</html>
```

将主页中的 welcome.jfif 图片换成 student.jsp 页面, 内嵌入该网页即可, 其关键代码如下:
`<%@include file="student.jsp" %>`

学生信息管理系统效果如图 9-4 所示。

◆ 图 9-4　学生信息管理系统效果

(4) 创建一个学生信息验证页面 (styz.jsp)，具体代码如下：

```jsp
<%@ page language="java" import="java.util.*,java.sql.*,data.*" pageEncoding="utf-8"%>
<%@page import="util.*" %>
<!DOCTYPE HTML PUBLIC "-//W3C//DTD HTML 4.01 Transitional//EN">
<html>
 <head>
  <title> 学生信息验证 </title>
   <meta http-equiv="pragma" content="no-cache">
   <meta http-equiv="cache-control" content="no-cache">
   <meta http-equiv="expires" content="0">
   <meta http-equiv="keywords" content="keyword1,keyword2,keyword3">
   <meta http-equiv="description" content="This is my page">
   <!--
   <link rel="stylesheet" type="text/css" href="styles.css">
   -->
  <link href="gs03.css" rel="stylesheet" type="text/css" />
 </head>
 <body>
<jsp:useBean id="s" class="bean.Student" scope="request"/>
    <jsp:setProperty name="s" property="*"/>
<%
 request.setCharacterEncoding("utf-8");       // 设置编码格式
 response.setCharacterEncoding("utf-8");
 String id=s.getId();
   String name=CharacterEncode.getStr(s.getName());
   String classroom=CharacterEncode.getStr(s.getClassroom());
   String sex=CharacterEncode.getStr(s.getSex());
   String jiguan=CharacterEncode.getStr(s.getJiguan());
   String[] hobby=s.getHobby();
   String str="";
   if(hobby!=null){
      for(int i=0;i<hobby.length;i++){
         str=str+CharacterEncode.getStr(hobby[i])+",";
      }
   }
   String photo=CharacterEncode.getStr(s.getPhoto());
   String geyan=CharacterEncode.getStr(s.getGeyan());
   StudentDaoImpl st = new StudentDaoImpl();
```

```
            ResultSet rs=st.findByID(id);
            if(rs.next()){
                out.println("<center><h2> 该学生信息已存在，请重新添加！ </h2></center>");
            %>
                <%@include file="student.jsp" %>
                <%
            }
            else{
                int i =st.insertStudent(id,name,classroom,sex,jiguan,str,photo,geyan);
                if(i>0){
                    out.println("<center><h1> 学生信息添加成功 !</h1></center>");
            %>
                <center> <h1> 学生信息详情如下：</h1></center>
    <table width="780" height="480" border="1" align="center">
     <tr>
      <td class="anniu"> 学号：</td>
      <td class="anniu"><%=id %></td>
     </tr>
     <tr>
      <td width="200" class="anniu"> 姓名：</td>
      <td width="580" class="anniu"><%=name %> </td>
     </tr>
     <tr>
      <td class="anniu"> 班级：</td>
      <td class="anniu"><%=classroom %></td>
     </tr>
     <tr>
      <td class="anniu"> 性别：</td>
      <td class="anniu"><%=sex %></td>
     </tr>
     <tr>
      <td class="anniu"> 籍贯：</td>
      <td class="anniu"><%=jiguan %></td>
     </tr>
     <tr>
      <td class="anniu"> 爱好：</td>
      <td class="anniu"><%=str %></td>
     </tr>
```

```
<tr>
  <td class="anniu"> 美照：</td>
  <td class="anniu"><img src="images/<%=photo %>" width="10%"/></td>
</tr>
<tr>
  <td class="anniu"> 人生格言：</td>
  <td class="anniu"><%=geyan %></td>
</tr>
</table>
      <%
      }
      else{
          out.println("<center><h1> 学生信息添加失败，请重新添加！
</h1></center>");
      %>
          <%@include file="student.jsp" %>
      <%
      }
    }
  %>
  </body>
</html>
```

(5) 创建一个含有主页的学生信息验证页面（zy_styz.jsp），其关键代码如下：

```
<tr>
  <td width="204" height="55" class="big"><img src="images/big.png" width="16" height="14" />
班级管理 </td>
  <td width="780" rowspan="7">
  <%@include file="styz.jsp" %>
  </td>
  <td width="257" class="big"><img src="images/big.png" alt="" width="16" height="14" />
在线交流 </td>
</tr>
```

在学生信息管理系统页面中输入相关的信息，单击“提交”按钮，将与数据库中的 student 数据库表进行匹配检索，如果学号存在，则显示“该学生信息已存在，请重新添加！”的信息，并重新加载“student.jsp”页面，图 9-5 为添加失败的页面效果。

如果添加成功，则出现“学生信息添加成功！”的信息，并显示提交的内容，图 9-6 为添加成功的页面效果。

◆ 图 9-5　添加失败的页面效果

◆ 图 9-6　添加成功的页面效果

　　(6) 创建一个学生信息浏览页面 (student_list.jsp)，用于浏览数据库中所有的学生信息，具体代码如下：

```
<%@ page language="java" import="java.util.*,java.sql.*,data.*" pageEncoding="UTF-8"%>
<!DOCTYPE HTML PUBLIC "-//W3C//DTD HTML 4.01 Transitional//EN">
```

```html
<html>
  <head>
    <title> 学生信息浏览 </title>
    <meta http-equiv="pragma" content="no-cache">
    <meta http-equiv="cache-control" content="no-cache">
    <meta http-equiv="expires" content="0">
    <meta http-equiv="keywords" content="keyword1,keyword2,keyword3">
    <meta http-equiv="description" content="This is my page">
    <!--
    <link rel="stylesheet" type="text/css" href="styles.css">
    -->
<link href="gs03.css" rel="stylesheet" type="text/css" />
  </head>
  <body>
  <%
  request.setCharacterEncoding("utf-8");
  StudentDaoImpl st = new StudentDaoImpl();
  ResultSet rs=st.findAllStudents();
  %>
  <center> <h2> 学生信息详情 </h2></center>
  <table  width="780" height="480" border="1" align="center">
  <tr>
    <td width="50" class="anniu"> 学号 </td>
    <td width="100" class="anniu"> 姓名 </td>
    <td width="100" class="anniu"> 班级 </td>
    <td width="50" class="anniu"> 性别 </td>
    <td width="100" class="anniu"> 籍贯 </td>
    <td width="100" class="anniu"> 爱好 </td>
    <td width="50" class="anniu"> 美照 </td>
    <td width="230" class="anniu"> 人生格言 </td>
  </tr>
  <%
  while(rs.next()){
  %>
  <tr>
    <td width="50" class="anniu"><%=rs.getString(1) %></td>
    <td width="100" class="anniu"><%=rs.getString(2) %></td>
    <td width="100" class="anniu"><%=rs.getString(3) %></td>
    <td width="50" class="anniu"><%=rs.getString(4) %></td>
```

```
<td width="100" class="anniu"><%=rs.getString(5) %></td>
<td width="100" class="anniu"><%=rs.getString(6) %></td>
<td width="50" class="anniu"><img src="images/<%=rs.getString(7) %>" width="50"/></td>
<td width="230" class="anniu"><%=rs.getString(8) %></td>
</tr>
<%
}
%>
</table>
</body>
</html>
```

(7) 创建一个含有主页的学生信息浏览页面（zy_student_list.jsp），用于浏览学生信息，其关键代码如下：

```
<tr>
<td width="204" height="55" class="big"><img src="images/big.png" width="16" height="14" />
班级管理 </td>
<td width="780" rowspan="7">
<%@include file="student_list.jsp" %>
</td>
<td width="257" class="big"><img src="images/big.png" alt="" width="16" height="14" /> 在线交流 </td>
</tr>
```

学生信息浏览页面的效果如图 9-7 所示。

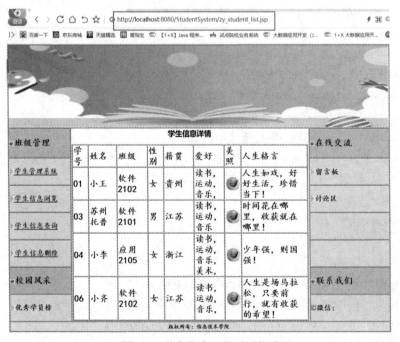

◆ 图 9-7　学生信息浏览页面的效果

9.4　功能扩展

1. 制作学生信息管理系统中的学生信息查询页面，根据学号查询信息

(1) 创建一个学生信息查询页面 (student_query.jsp)，根据学号查询数据库中学生信息，具体代码如下：

```
<%@ page language="java" import="java.util.*" pageEncoding="utf-8"%>
<!DOCTYPE HTML PUBLIC "-//W3C//DTD HTML 4.01 Transitional//EN">
<html>
 <head>
  <title> 学生信息查询 </title>
   <meta http-equiv="pragma" content="no-cache">
   <meta http-equiv="cache-control" content="no-cache">
   <meta http-equiv="expires" content="0">
   <meta http-equiv="keywords" content="keyword1,keyword2,keyword3">
   <meta http-equiv="description" content="This is my page">
   <!--
   <link rel="stylesheet" type="text/css" href="styles.css">
   -->
<link href="gs03.css" rel="stylesheet" type="text/css" />
 </head>
 <body>
  <center> <h1> 学生信息查询 </h1></center>
<form action="zy_query_yz.jsp" method="post" >
 <table  width="780"  height="160" border="1" align="center">
  <tr>
   <td width="200" class="anniu" align="center"> 学号：</td>
   <td width="580" class="anniu">
    <input type="text" name="id" id="id" />
   </td>
  </tr>
  <tr>
   <td colspan="2" align="center"><h2>
   <input name="button" type="submit" class="anniu" id="button" value=" 查询 " />
         
   <input name="button2" type="reset" class="anniu" id="button2" value=" 取消 " />
```

```
        </h2></td>
      </tr>
    </table>
  </form>
 </body>
</html>
```

(2) 创建一个含有主页的学生信息查询页面 (zy_student_query.jsp)，进行学生信息查询的操作，其关键代码如下：

```
<tr>
  <td width="204" height="55" class="big"><img src="images/big.png" width="16" height="14" />
班级管理 </td>
  <td width="780" rowspan="7">
<%@include file="student_query.jsp" %>
  </td>
  <td width="257" class="big"><img src="images/big.png" alt="" width="16" height="14" />
在线交流 </td>
  </tr>
```

学生信息查询页面的效果如图 9-8 所示。

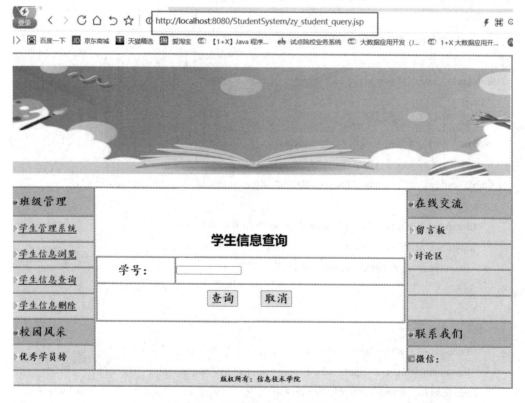

◆ 图 9-8   学生信息查询页面的效果

　　(3) 创建一个学生信息查询验证页面 (query_yz.jsp)，根据学号查询数据库中学生信息，如果输入的学号存在，则查询成功，如果不存在，则查询失败，并显示"该学生不存在，请重新查询！"，然后重新加载学生信息查询网页，具体代码如下：

```jsp
<%@ page language="java" import="java.util.*,java.sql.*,data.*" pageEncoding="utf-8"%>
<%@page import="util.*"  %>
<!DOCTYPE HTML PUBLIC "-//W3C//DTD HTML 4.01 Transitional//EN">
<html>
 <head>
  <title> 学生信息查询验证 </title>
   <meta http-equiv="pragma" content="no-cache">
   <meta http-equiv="cache-control" content="no-cache">
   <meta http-equiv="expires" content="0">
   <meta http-equiv="keywords" content="keyword1,keyword2,keyword3">
   <meta http-equiv="description" content="This is my page">
   <!--
   <link rel="stylesheet" type="text/css" href="styles.css">
   -->
<link href="gs03.css" rel="stylesheet" type="text/css" />
 </head>
 <body>
    <jsp:useBean id="s" class="bean.Student" scope="request"/>
    <jsp:setProperty name="s" property="*"/>
<%
   request.setCharacterEncoding("utf-8");      // 设置编码格式
   String id=s.getId();
   StudentDaoImpl st = new StudentDaoImpl();
     ResultSet rs=st.findByID(id);
   if(rs.next()){
       out.println("<center><h2> 该学生信息存在，其详情如下：</h2></center>");
       String name=rs.getString(2);
       String classroom=rs.getString(3);
       String sex=rs.getString(4);
       String jiguan=rs.getString(5);
       String hobby=rs.getString(6);
       String photo=rs.getString(7);
       String geyan=rs.getString(8);
       %>
     <table width="780" height="480" border="1" align="center">
     <tr>
```

```
  <td class="anniu"> 学号 </td>
  <td class="anniu"><%=id %></td>
 </tr>
  <tr>
  <td width="150" class="anniu"> 姓名 </td>
  <td width="630" class="anniu"><%=name %></td>
 </tr>
  <tr>
  <td class="anniu"> 班级 </td>
  <td class="anniu"><%=classroom %></td>
 </tr>
 <tr>
  <td class="anniu"> 性别 </td>
  <td class="anniu"><%=sex %></td>
 </tr>
  <tr>
  <td class="anniu"> 籍贯 </td>
  <td class="anniu"><%=jiguan %></td>
 </tr>
 <tr>
  <td class="anniu"> 爱好 </td>
  <td class="anniu"><%=hobby %></td>
 </tr>
 <tr>
  <td class="anniu"> 美照 </td>
  <td class="anniu"><img src="images/<%=photo %>" width="10%"/></td>
 </tr>
 <tr>
  <td class="anniu"> 人生格言 </td>
  <td class="anniu"><%=geyan %></td>
  </tr>
</table>
    <%
   }
   else{
      out.println("<center><h1> 该学生不存在，请重新查询 !</h1></center>");
   %>
      <%@include file="student_query.jsp" %>
   <%
```

```
        }
    %>
    </body>
</html>
```

学生信息查询失败的页面效果如图 9-9 所示。

◆ 图 9-9　学生信息查询失败的页面效果

如果查询到输入的学号，则显示该学生的详细信息，图 9-10 为学生信息查询成功的页面效果。

◆ 图 9-10　学生信息查询成功的页面效果

2. 制作学生信息管理系统中的学习信息删除页面，根据学号删除信息

(1) 创建一个学生信息删除页面 (student_delete.jsp)，根据学号删除数据库中学生信息，具体代码如下：

```
<%@ page language="java" import="java.util.*" pageEncoding="utf-8"%>
<!DOCTYPE HTML PUBLIC "-//W3C//DTD HTML 4.01 Transitional//EN">
<html>
  <head>
    <title> 学生信息删除 </title>
    <meta http-equiv="pragma" content="no-cache">
    <meta http-equiv="cache-control" content="no-cache">
    <meta http-equiv="expires" content="0">
    <meta http-equiv="keywords" content="keyword1,keyword2,keyword3">
    <meta http-equiv="description" content="This is my page">
    <!--
    <link rel="stylesheet" type="text/css" href="styles.css">
    -->
<link href="gs03.css" rel="stylesheet" type="text/css" />
  </head>
  <body>
  <center> <h1> 学生信息删除 </h1></center>
<form action="zy_delet_yz.jsp" method="post" >
  <table  width="780"  height="160" border="1" align="center">
    <tr>
    <td width="200" class="anniu" align="center"> 学号：</td>
    <td width="580" class="anniu">
     <input type="text" name="id" id="id" />
    </td>
    </tr>
    <tr>
    <td colspan="2" align="center"><h2>
    <input name="button" type="submit" class="anniu" id="button" value=" 删除 " />
          
    <input name="button2" type="reset" class="anniu" id="button2" value=" 取消 " />
    </h2></td>
    </tr>
  </table>
</form>
  </body>
</html>
```

(2) 创建一个含有主页的学生信息删除页面 (zy_student_delete.jsp)，进行学生信息删除的操作，其关键代码如下：

```
<tr>
    <td width="204" height="55" class="big"><img src="images/big.png" width="16" height="14" />
班级管理 </td>
    <td width="780" rowspan="7">
    <%@include file="student_delete.jsp" %>
    </td>
    <td width="257" class="big"><img src="images/big.png" alt="" width="16" height="14" />
在线交流 </td>
</tr>
```

学生信息删除页面的效果如图 9-11 所示。

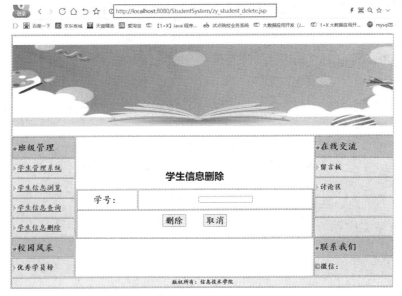

◆ 图 9-11　学生信息删除页面的效果

(3) 创建一个学生信息删除验证页面 (delete_yz.jsp)，根据学号删除数据库中学生信息，如果输入的学号存在，则删除成功，如果不存在，则删除失败，具体代码如下：

```
<%@ page language="java" import="java.util.*,java.sql.*,data.*" pageEncoding="utf-8"%>
<%@page import="util.*" %>
<!DOCTYPE HTML PUBLIC "-//W3C//DTD HTML 4.01 Transitional//EN">
<html>
 <head>
  <title> 学生信息删除验证 </title>
   <meta http-equiv="pragma" content="no-cache">
   <meta http-equiv="cache-control" content="no-cache">
   <meta http-equiv="expires" content="0">
   <meta http-equiv="keywords" content="keyword1,keyword2,keyword3">
```

```html
<meta http-equiv="description" content="This is my page">
<!--
<link rel="stylesheet" type="text/css" href="styles.css">
-->
<link href="gs03.css" rel="stylesheet" type="text/css" />
</head>
<body>
<jsp:useBean id="s" class="bean.Student" scope="request"/>
    <jsp:setProperty name="s" property="*"/>
<%
   request.setCharacterEncoding("utf-8");        // 设置编码格式
   String id=s.getId();
   StudentDaoImpl st = new StudentDaoImpl();
      ResultSet rs=st.findByID(id);
   if(rs.next()){
         int i=st.deleteStudent(id);
         if(i>0){
             out.println("<center><h1> 该学生信息已删除 !</h1></center>");
         }
         else{
             out.println("<center><h1> 该学生信息删除失败，请重新删除 !</h1></center>");
         %>
             <%@include file="student_delete.jsp" %>
         <%
         }
     }
     else{
         out.println("<center><h1> 该学生不存在，请重新选择其他学生进行删除 !
</h1></center>");
         %>
             <%@include file="student_delete.jsp" %>
         <%
     }
   %>
   </body>
</html>
```

(4) 创建一个含有主页的学生信息删除验证页面 (zy_ delete_yz.jsp)，进行学生信息删除的操作，其关键代码如下：

```html
<tr>
    <td width="204" height="55" class="big"><img src="images/big.png" width="16" height="14" />
```

班级管理 </td>

    <td width="*780*" rowspan="*7*">

    <%@include file="delete_yz.jsp" %>

    </td>

    <td width="*257*" class="*big*"><img src="*images/big.png*" alt="" width="*16*" height="*14*" />

在线交流 </td>

    </tr>

    如果输入的学号不存在，则显示"该学生不存在，请重新选择其他学生进行删除！"，然后重新加载学生信息删除网页，图 9-12 为学生信息删除失败的页面效果。

◆ 图 9-12 学生信息删除失败的页面效果

    如果查询到输入的学号，则显示"该学生信息已删除！"，图 9-13 为学生信息删除成功的页面效果。

◆ 图 9-13 学生信息删除成功的页面效果

小　结

本章主要介绍了综合案例——学生信息管理系统，包括对学生信息的添加、浏览、查询和删除操作，巩固 JDBC 访问数据库的步骤，掌握多角度处理信息的增、删、改、查的方法，掌握对学生信息的处理操作。

习　题

一、选择题

1. 如果做动态网站开发，(　　　) 可以作为服务器端脚本语言。

A. Java   B. JSP

C. Javascript   D. HTML

2. JSP 中存在 <%="2"+"4" %> 代码，运行该 JSP 后，以下说法正确的是 (　　　)。

A. 没有任何输出   B. 输出 6

C. 输出 24   D. 指令将引发错误

3. 在 JSP 中，使用 (　　) 可完成网页重定向。

A. request.getRequestDispatcher()

B. request.forward()

C. response.sendRedirect()

D. response.setRequestDispatcher()

4. 在 JSP 中使用 JDBC 语句访问数据库，正确导入 SQL 类库的语句是 (　　　)。

A. <%@ page import="java.sql.*" %>

B. <%@ page import="sql.*" %>

C. <% page import="java.sql.*" %>

D. <%@ import="java.sql.*" %>

5. 关于分页查询，以下说法不正确的是 (　　　)。

A. 可以减轻服务器压力

B. 对于程序开销极大

C. 可提高用户体验

D. 对于不同数据库有不同的 SQL 指令

6. 关于 ServletRequest 接口的 getAttribute() 方法，说法正确的是 (　　　)。

A. 获取指定名称的属性值   B. 设置指定属性的值

C. 删除指定属性的值   D. 以上都不对

7. (多选) 关于 JSTL 的说法，正确的是 (　　　)。

A. foreach 用来循环输出集合中的数据

B. set 标签用来定义变量

C. out 标签只能输出 session 中的变量值

D. if 标签主要用来执行数据库操作

8. 在 JSP 页面中，(　　) 表达式语句可以获取页面请求中名字为 title 的文本框的内容。

A. <%=request.getParameter("title")%>

B. <%=request.getAttribute("title")%>

C. <%=request.getParameterValues("title")%>

D. <%=request.getParameters("title")%>

9. JSP 在执行过程中经过 (　　) 阶段，由 Web 容器将之转换成 Java 源代码。

A. 翻译　　　　　　　　　　　B. 编译

C. 执行　　　　　　　　　　　D. 响应

10. JSP 在执行过程中经过 (　　) 阶段，会将 Java 源代码转换成 class 文件。

A. 翻译　　　　　　　　　　　B. 编译

C. 执行　　　　　　　　　　　D. 响应

11. 在 JSP 的小脚本中，使用 (　　) 语句可以使浏览器重定向到另一个页面。

A. request.sendRedirect("http://www.jb-aptech.com.cn");

B. request.sendRedirect();

C. response.sendRedirect("http://www.jb-aptech.com.cn");

D. response.sendRedirect();

12. 运行如下 JSP 文件 test.jsp，将发生 (　　)。

```
<html> <% String str = null;%> str is <%=str%></html>
```

A. 编译阶段出现错误

B. 翻译阶段出现错误

C. 执行字节码时发生错误

D. 运行后，浏览器上显示 str is null

13. JSP 页面的 page 指令主要用于设置页面的各种属性，page 指令的 language 属性的作用是 (　　)。

A. 将需要的包或类引入 JSP 页面中

B. 指定 JSP 页面使用的脚本语言，默认为 Java

C. 指定 JSP 页面采用的编码方式，默认为 text/html

D. 服务器所在国家编码

14. 在 Java Web 应用开发中，Servlet 程序需要在 (　　) 文件中配置。

A. jsp　　　　　　　　　　　B. web.xml

C. struts.xml　　　　　　　　D. servlet.xml

15. 在 Java EE 中，HttpServletResponse 的 (　　) 方法用于一个 HTTP 请求重定向到另一个资源。

A. sendURL()　　　　　　　　B. sendRedirect()

C. forward()　　　　　　　　D. redirectURL()

16. 在 JSP 页面中进行访问控制时，一般会使用 JSP 的 (　　) 内置对象实现对用户的会话跟踪。

A. request

B. session

C. response

D. application

17. 在 JSP 页面中有如下 Java 代码, 一共存在 (　　) 处错误。

```
<% String userName= (String)session.getParameter("userName"); if(userName==null) { %> 您尚未登录!
<% } else { %> 欢迎您, <%=userName %> <% }%>
```

A. 0　　　　　　　　B. 1　　　　　　　　C. 2　　　　　　　　D. 3

18. 在 JSP 中, 以下哪种方法可以正确获取复选框的值? (　　)

A. request.getParameterValue()

B. response.setParameterValues()

C. request.getParameterValues()

D. request.getParameter()

19. 在一个 JSP 页面中包含 <% int i = 10; %>, 这是 (　　) 页面元素。

A. 表达式　　　　　　　　B. 小脚本

C. 指令　　　　　　　　D. 注释

20. 在 JSP 中, (　　) 技术最适合实现购物车的存储。

A. page　　　　　　　　B. request

C. session　　　　　　　　D. application

21. 以下 JSP 关键代码的运行效果为 (　　)。

```
<% Map map=new HashMap();
map.put("a","Java");
map.put("b","JSP");
map.put("a","C#"); request.setAttribute("map",map);%>${map.b}<br/>${map["a"]}
```

A. JSP C#　　　　　　　　B. JSPJAVA

C. 运行时出现错误　　　　　　　　D. 什么也不输出

22. 以下 JSP 代码片段的输出结果是 (　　)。

```
<% String getName(String name){ return name.subString(0,3); }%> 姓名: <%=getName("齐德龙东强")%>
```

A. 姓名:　　　　　　　　B. 姓名: 齐德

C. 姓名: 齐德龙　　　　　　　　D. 编译错误

23. (多选) index.jsp 中代码如下, 可以正确填写到横线处的代码为 (　　)。

```
<%@ pae language="java" pageEncoding="ISO-8859-1" _____%><% Date date = new
Date();%><%=date%>
```

A. import="java.util.*"

B. import="java.util.Date"

C. package="java.util.*"

D. package="java.util.Date"

24. 以下 JSP 代码运行后的结果为 (　　)。

```
<%int i =8;%><%=i+"8"%>
```

A. i8　　　　　　　　B. 88　　　　　　　　C. 16　　　　　　　　D. 编译错误

25. 以下 JSP 代码, 用户访问 login.jsp 页面单击 "登录" 后显示的结果是 (　　)。

login.jsp 页面代码如下：<form action="display.jsp"> <input type="text" name="u1" value="admin1"/> <input type="text" name="u2" value="admin2"/> <input type="submit" value=" 登录 "/></form>

display.jsp 页面代码如下：<% request.setAttribute("x","admin3"); request.getRequestDispatcher("success. jsp").forward(request,response);%>

success.jsp 页面代码如下：<%=request.getParameter("u1")%><%=request.getAttributer("x")%>

A. admin1 admin2

B. admin1 null

C. admin1 admin3

D. null admin3

26. (多选) 如下 JSP 代码输出集合中各元素，横线处应填写 (　　　)。

<% List<String> strs= new ArrayList<String>(); strs.add(" 北京 "); strs.add(" 上海 "); strs.add(" 浙江 "); request.setAttribute("strs",strs);%><c:forEach var="strList" items="＿＿＿＿＿＿"> <c:out value="＿＿＿＿"> </c:out></c:forEach>

A. ${strs},${strList}

B. ${strList},${strs}

C. ${requestScope.strs},${strList}

D. ${strList}, ${requestScope.strs}

27. 若当前为 2013 年 4 月 15 日，则如下 JSP 代码输出结果为 (　　　)。

<%@page import="java.util.Date"%><%@ page import ="java.text.SimpleDateFormat"%> <% SimpleDateFormat formater=new SimpleDateFormat("yyyy 年 MM 月 dd 日 "); String strTime = formater. format(new Date());%><%=strTime%>

A. 2013 年 04 月 15 日

B. 2013 年 05 月 15 日

C. 13 年 4 月 15 日

D. 编译错误

28. (多选) 以下 JSP 关键代码的功能为输出 "姓名：陈小斌"，横线处应填写 (　　　)。

<% Map stus = new HashMap(); stus.put("stu1"," 王晓 "); stus.put("stu2"," 黄青 "); stus.put("stu3", " 陈小斌 "); request.setAttribute("stuList",stus);%> 姓名：＿＿＿＿＿＿

A. ${stuList.stu3}

B. ${stuList[stu3]}

C. ${stuList["stu3"]}

D. ${stuList."stu3"}

29. 在部署带有 Servlet 的 Java Web 程序时，(　　　) 不是必需的。

A. web.xml 文件

B. WEB-INF 文件夹

C. classes 文件夹

D. csses 文件夹

30. JSP 中有很多内置对象可以方便程序开发，其中不包括 (　　　)。

A. out

B. request

C. redirect

D. response

31. 在使用表单提交数据时，如果 <form> 标签的 method 属性未指定，则以下说法中正确的是 (　　　)。

A. 默认为 POST 请求

B. 默认为 GET 请求

C. 默认为 Fast 请求

D. 编译错误

32. 如果要把 "accp" 字符串信息放在 session 对象中，则下列语法正确的是 (　　　)。

A. session.setAttribute("message","accp");

B. session.setAttribute(message,"accp");

C. session.setAttribute("accp","message");

D. session.setAttributes("message","accp");

33. 在 JSP 中，假设表单的 method="post"，在发送请求时中文乱码处理的正确做法是（   ）。

A. request.setCharacterEncoding("utf-8");

B. response.setCharacter("utf-8");

C. request.setContentType("text/html;charset=utf-8");

D. response.setContentType("text/html;charset=utf-8");

34 在 JSP 中，对于数据的共享可通过不同的作用域对象实现，如果该数据仅限当前页面有效，可选择的作用域对象是（   ）。

A. pageContext   B. request

C. session   D. application

35. 在 JSP 中，关于 ServletRequest 接口提供的 setAttribute() 方法共享数据，以下说法正确的是（   ）。

A. 其原型是 setAttribute(String key, Object value)，第一个参数表示变量名称，第二个参数表示要存入的数据

B. 其原型是 setAttribute(Object value, String key)，第一个参数表示变量名称，第二个参数表示要存入的数据

C. 其原型是 setAttribute(String key, String value)，第一个参数表示变量名称，第二个参数表示要存入的数据

D. 其原型是 setAttribute(String value, List value)，第一个参数表示变量名称，第二个参数表示要存入的数据

36. (多选) 在 JSP 中，pageContext、request、session、application 均提供了存取数据的通用方法，假设已经在 session 中存入了名为"currentUser"的 User 对象，则取出该数据的正确语句是（   ）。

A. User user = session.getAttribute("currentUser");

B. User user = (User)session.getAttribute("currentUser");

C. Object user = session.getAttribute("currentUser");

D. String user = (String)session.getAttribute("currentUser");

二、填空题

1. 一个完整的 JSP 页面由普通的 HTML 标记、_____、_____、变量声明与方法声明、_____、_____、_____ 7 种要素构成。

2. 在 JSP 页面的基本构成元素中，_____(Declaration)、_____(Expression) 和_____(Scriptlet) 统称为 JSP 脚本元素。

3. _____、_____ 统称为 JSP 标记。

4. _____ 之间声明的方法在整个页面内有效，称为页面的成员方法。

5. 在_____之间声明的变量又称为页面成员变量，其作用范围为整个 JSP 页面。

6. 在 JSP 页面的程序片中可以插入_____。

7. 当 JSP 页面的一个客户线程在执行_____方法时，其他客户必须等待。

8. 在 JSP 页面中，输出型注释的内容写在"_____"和"_____"之间。

9. JSP 声明函数时，如果在前面加上_____关键字，功能是当前一个用户在执行该方法时，其他用户必须等待，直到该用户完成操作。

10. page 指令的 language 属性的默认值是_____。

11. 在 Error.jsp 页面中，要使用 Exception 对象，必须设置的指令是_____。

12. 要使 JavaBean 在整个应用程序的生命周期中被该应用程序的任何 JSP 文件所使用，则该 JavaBean 的 scope 属性必须设置为_____。

13. JSP 的_____对象用来保存单个用户访问时的一些信息。

14. response 对象的_____方法可以将当前客户端的请求转到其他页面去。

15. 当客户端请求一个 JSP 页面时，JSP 容器会将请求信息包装在_____对象中。

16. response.setHeader（"Refresh"，"5"）的含义是指页面刷新时间为_____。

17. 在 JSP 中为内置对象定义了 4 种作用范围，即_____、_____、_____和_____。

18. 表单的提交方法包括_____和_____。

19. 表单标记中的_____属性用于指定处理表单数据程序 url 的地址。

20. JavaBean 是 java 类，必须有一个_____的构造方法。

21. JSP 的内部对象可以直接使用，它是由_____创建的。

22. 在 JSP 中，页面间对象传递的方法有_____、_____、_____、_____等。

23. 在 JSP 页面中，可以用 request 对象的_____方法来获取其他页面传递参数值的数组。

24. 在 JSP 中使用 JavaBean 的标签是 <jsp:useBean class="BeanName" id=Bean 实例 >，其中 id 的用途是_____。

25. JavaBean 中用一组 set 方法设置 JavaBean 的私有属性值，get 方法获得 JavaBean 的私有属性值。set 和 get 方法名称与属性名称之间必须对应，即如果属性名称为 xxx，那么 set 和 get 方法的名称必须为_____和_____。

26. 用户在实际 Web 应用开发中，编写 JavaBean 除了要使用_____语句引入 Java 的标准类，可能还需要自己编写的其他类。用户自己编写的被 JavaBean 引用的类称之为 JavaBean 的辅助类。

27. 创建 JavaBean 的过程和编写 Java 类的过程基本相似，可以在任何 Java 的编程环境下完成_____、_____和_____。

28. 布置 JavaBean 要在 Web 服务目录的 WEB-INF\classes 文件夹中建立与 JavaBean 的包名_____，用户要注意目录名称的大小写。

29. 使用 JavaBean 首先要在 JSP 页面中使用_____指令将 JavaBean 引入。

30. 要想在 JSP 页面中使用 JavaBean，必须首先使用_____动作标记在页面中定义一个 JavaBean 的实例。

31. JSTL 标签库中，_____标签用来循环输出集合中的数据。

32. 获取 request 作用域中名为 uname 值的 EL 表达式是_____。

33. 编写过滤器类需要实现的_____接口。

34. Filter 接口中最主要的方法是_____方法。

35. 实现 Filter 接口的类需要重写_____方法、_____方法、_____方法。

三、判断题

1. JSP 引擎执行字节码文件的主要任务之一是直接将 HTML 内容发给客户端。（   ）

2. JSP 页面中的变量和方法声明 (Declaration)、表达式 (Expression) 和 Java 程序片 (Scriptlet) 统称为 JSP 标记。（   ）

3. JSP 页面中的指令标记、JSP 动作标记统称为脚本元素。（   ）

4. 在"<%!"和"%>"标记之间声明的 Java 变量在整个页面内有效，不同的客户之间不共享。（   ）

5. 在"<%!"和"%>"标记之间声明的 Java 方法在整个页面内有效。（   ）

6. 页面成员方法不可以在页面的 Java 程序片中调用。（   ）

7. 程序片变量的有效范围与其声明位置有关，即从声明位置向后有效，可以在声明位置后的程序片、表达式中使用。（   ）

8. 程序片变量不同于在"<%!"和"%>"之间声明的页面成员变量，不能在不同客户访问页面的线程之间共享。（   ）

9. JSP 中 Java 表达式的值由服务器负责计算，并将计算值按字符串发送给客户端显示。（   ）

10. 在 Java 程序片中可以使用 Java 语言的注释方法，其注释的内容会发送到客户端。（   ）

11. 不可以用一个 page 指令指定多个属性的取值。（   ）

12. jsp:include 动作标记与 include 指令标记包含文件的处理时间和方式不同。（   ）

13. jsp:param 动作标记不能单独使用，必须作为 jsp:include、jsp:forward 标记等的子标记使用，并为它们提供参数。（   ）

14. <jsp:forward...> 标记的 page 属性值是相对的 URL 地址，只能静态的 URL。（   ）

15. JSP 页面只能在客户端执行。（   ）

16. JSP 页面中不能包含脚本元素。（   ）

17. page 指令不能定义当前 JSP 程序的全局属性。（   ）

18. 在 JSP 中，<%!intc=5;out.print(c);%> 语句正确。（   ）

19. <jsp:getProperty> 中的 name 及 property 区分大小写。（   ）

20. JSP 主要的指令有 page、import、include 三个。（   ）

21. 当同时有多个请求发送到一个 Servlet 时，服务器将会为每个请求创建一个新的线程来处理客户端的请求。（   ）

22. HTML 称为超文本元素语言，它是 Hyper Text Marked Language 的缩写。（   ）

23. 一个 HTML 文档必须有 <head> 和 <title> 元素。（   ）

24. 超级链接不仅可以将文本作为链接对象，也可以将图像作为链接对象。（   ）

25. 表单域一定要放在 <form> 元素中。（   ）

26. 盒子模型中的 top、right、bottom、left 属性取值既可以是像素数，也可是百分比，并且只有父容器的 position 取值为非 static 值时才有效。（   ）

27. 用户在浏览器中输入 http://127.0.0.1:8080/ch2/ch2_1.html 即可访问本机上的该页

面。(　　)

28. 在网页中图形文件与网页文件是分别存储的。(　　)

29. 绝对路径是文件名的完整路径，相对路径是指相对当前网页文件名的路径。(　　)

30. 超级链接标签 <a> 的 target 属性取值为链接的目标窗名，可以是 parent、blank、self、top。(　　)

31. Tomcat 服务器支持直接使用 application 对象。(　　)

32. out 对象是一个输出流，它实现了 javax.servlet.JspWriter 接口，用来向客户端输出数据。(　　)

33. 利用 response 对象的 sendRedirect 方法只能实现本网站内的页面跳转，但不能传递参数。(　　)

34. JSP 的 response 对象作用是向客户端发送数据，但是一次会话过程，一个 response 对象只能包含一个 Coolie 和一个 HTTP 文件头，否则抛出内存越界异常。(　　)

35. 在 MVC 模式中，因为 Servlet 负责创建 JavaBean，所以 JavaBean 的构造函数可以带有参数，除了保留 get 和 set 规则外，还可以有其他功能的函数。(　　)

36. JSP 是 Servlet 的升级版本，JSP 出来后，Servlet 也就退出了历史的舞台。(　　)

37. JSP 输出表达式，正确的语法规则是 <%= 表达式 %>。(　　)

38. JavaBean 的属性可读写，编写时 set 方法和 get 方法必须配对。(　　)

39. JavaBean 也是 Java 类，因此也必须有主函数。(　　)

40. 和过滤器相关的接口主要有 Filter、FilterConfig 和 FilterChain。(　　)

四、简答题

1. 相比 Servlet，JSP 的优势在哪里？
2. 画图说明访问 a.jsp 的整个流程。

五、编程题

编写程序实现登录功能。要求如下：

(1) 页面使用 JSP 表单提交，包含姓名和密码。

(2) 提交目的地为 Servlet，在 Servlet 中获得表单提交的数据。

(3) 在 Servlet 中判断，如果姓名是"张三"，密码是"123"，返回客户登录成功。

(4) 写出核心代码即可。

习题答案

参 考 文 献

[1]   丁毓峰，毛雪涛 . Java Web 开发教程：基于 Struts2+Hibernate+Spring[M]. 北京：人民
       邮电出版社，2017.

[2]   肖睿，喻晓路 . Java Web 应用设计及实战 [M]. 北京：人民邮电出版社，2018.

[3]   张艳明 . 动态网页开发 Servlet 基础实验综述 [J]. 电脑知识与技术，2019，15(20)：80-
       82.

[4]   金璐钰 . HTML5+CSS3 网页制作教程 [M]. 西安：西安电子科技大学出版社，2022.

[5]   段莎莉 . Java Web 项目之 JavaBean 应用 [J]. 电子技术与软件工程，2023，249(7): 50-53.

[6]   于立红，焦晖 . JavaBean 在访问数据库中的应用 [J]. 电脑编程技巧与维护，2019，
       412(10): 105-106，118.

[7]   孙华林 . 构建 Web 应用系统：基于 JSP+Servlet+JavaBean[M]. 北京：机械工业出版社，
       2014.

[8]   郭路生，杨选辉 . Java Web 编程技术 [M]. 北京：清华大学出版社，2021.

[9]   千锋教育 . Java Web 开发实战 [M]. 北京：清华大学出版社，2018.

[10]   陈恒，姜学 . Java Web 开发从入门到实战 [M]. 北京：清华大学出版社，2019.